IMPRESS NextPublishing

技術の泉シリーズ

雰囲気で使わずきちんと理解する!

整理して OAuth2.0 を使うためのチュートリアルガイド

Auth屋 著

最新改訂版

OAuthの中身、
理解してますか?

インプレス

技術の泉 SERIES

目次

はじめに

本書を手にとっていただき、ありがとうございます。あなたにとってOAuth2.0の理解を深めるきっかけとなれば幸いです。本書はAuth屋の「雰囲気OAuthシリーズ」第一弾です。まずは本書でOAuth2.0の基本的な用語・概念を学び、「認可のプロトコル」の意味するところを理解していただければと思います。

誰に向けた本か

「ぜんぜんわからない。俺たちは雰囲気でOAuthをやっている。」[1]または「OAuthまわりはライブラリーにまかせているので、パラメーターを設定するくらいしかやっていない。どんなやりとりが行われているのかわかってない。」というエンジニアに向けてこの本を書きました。具体的には、次の質問に答えられないエンジニアです。

- スコープとはなんですか？
- 認可コードは何が行われた証ですか？
- モバイルのアプリケーションの場合、どのグラントタイプを使うべきですか？

この本を読むメリット

- OAuth2.0に関わる概念を整理して理解できます。
- 具体的なソフトウェアプロジェクトの構成要素をOAuth2.0のロールにマッピングできるようになります。
- 自分のソフトウェアプロジェクトで利用すべきグラントタイプを判断できるようになります。
- 利用したいAPIのOAuth関連資料やOAuth2.0の基本仕様を読みこなすための地図が頭の中にできます。

この本の特徴

- Google PhotoのAPIを使った画像編集アプリの例を頻繁に挙げることで、具体的にイメージしやすい説明を試みています。
- チュートリアルの章では、curlとブラウザを使って実際に手を動かしながら学べます。
- OAuthの仕様で決められているオプションについては網羅的に説明するのではなく、オーソドックスな一つの例を基に説明しています。

この本は何の本ではないか

- この本はOAuth1.0と2.0の違いについては説明していません。

---

1. この表現の元ネタは「【株の知識ゼロ】バカが考えた株の漫画」です。https://orekabu.jp/bakakabu/

・この本はOpenID Connectについては説明していません。OAuth2.0とOpenID Connectを並行して学ぶと混乱するからです。まずはOAuth2.0についてしっかりと理解し、その後、OpenID Connectとの差分を理解する、というのがOAuth2.0とOpenID Connectの両方を理解するの最短の道だと考えています[2]。
・この本はOAuth2.0に関する攻撃手段についてはほとんど説明していません。[3]。

用語の定義

本書で用いる用語について次のように定義します。

OAuth

OAuth2.0のことです。本書ではOAuth1.0は含みません。

基本仕様

本書ではRFC6749(https://tools.ietf.org/html/rfc6749)のことです[4]。

免責事項

本書に記載された内容は、情報の提供のみを目的としています。したがって、本書を用いた開発、製作、運用は、必ずご自身の責任と判断によって行ってください。これらの情報による開発、製作、運用の結果について、著者はいかなる責任も負いません。

表記関係について

本書に記載されている会社名、製品名などは、一般に各社の登録商標または商標、商品名です。会社名、製品名については、本文中では©、®、™マークなどは表示していません。

底本について

本書籍は、技術系同人誌即売会「技術書典6」で頒布されたものを底本としています。

2.「OAuth、OAuth認証、OpenID Connectの違いを整理して理解できる本」にてOpenID Connectの解説をしています。https://booth.pm/ja/items/1550861
3.「OAuth・OIDCへの攻撃と対策を整理して理解できる本(リダイレクトへの攻撃編)」にて解説しています。https://booth.pm/ja/items/1877818
4.OpenIDファウンデーション・ジャパンにより日本語訳が提供されています。https://www.openid.or.jp/document/index.html#op-doc-oauth2

第1章　OAuthとは

この章では「OAuthとは何か」「なぜOAuthが必要なのか」について説明します。

1.1　OAuthとはなにか

OAuthとは何でしょうか。OAuthの基本仕様であるRFC6749をみてみましょう。アブストラクトの最初の一文が端的にOAuth2.0とは何かを表しています。

> The OAuth 2.0 authorization framework enables a third-party application to obtain limited access to an HTTP service,

日本語に翻訳すると次の内容になります[1]。

> OAuth2.0はサードパーティアプリケーションによるHTTPサービスへの限定的なアクセスを可能にする認可フレームワークである。

ここに含まれている次の4つの言葉の意味をOAuthの文脈にそって理解すれば、「OAuthとは何か」を理解したことになります。

・サードパーティアプリ
・HTTPサービス
・限定的なアクセス
・認可フレームワーク

ここでは、ある画像編集アプリケーションを例としてこれらの用語を説明します。この画像編集アプリは、画像をGoogle Photoから取得する機能を持っています。定義に登場した用語と画像編集アプリの例の対応を図1.1に示します。

1.OpenID ファウンデーション・ジャパンにより日本語訳が提供されています。https://www.openid.or.jp/document/index.html#op-doc-oauth2

図1.1: 画像編集アプリの構成要素

4つの言葉をこの例にそって解説します。

サードパーティアプリ

画像編集アプリが「サードパーティーアプリ」に対応します。Google PhotoのAPIを提供するGoogleからみるとサードパーティだからです。

HTTPサービス

この例ではGoogle PhotoのAPIが「HTTPサービス」に当たります。

限定的なアクセス

画像編集アプリはGoogle PhotoのAさんのデータに対してすべての操作が許されているわけではありません。許されるのは画像のダウンロードのみです。仮に画像編集アプリが画像のアップロードや、画像の削除をしようとした場合はGoogle Photoはそのアクセスを拒否しなければなりません。このようにサードパーティはHTTPサービスに対して一部の操作のみが許されます。

ところで、Google Photoは許可してよい操作をどのように知るのでしょうか。それはAさんの同意によります。OAuthでは「Google Photoにある写真やアルバムなどのデータはAさんのものである。Google Photoのものではない。」と考えます。したがって、画像編集アプリによるAさんのデータへの操作をGoogle Photoが勝手に許可してはいけません。

画像編集アプリが要求する権限一覧をAさんに提示した上で、Aさんから権限の委譲について同意を得る必要があります。その同意が完了してはじめて、Google Photoは画像編集アプリに許可して良い操作を知ることができます。

認可フレームワーク

Google PhotoのAPIはインターネットに公開されているので悪意あるアクセスを前提としなければなりません。Google Photoはすべてのアクセスに対して、許可してよいアクセスかどうかを判断します。この判断に使われるのがアクセストークンです。認可フレームワークとは「アクセストークンの発行方法についてのルール」といえます。そして、このルールにそってアクセストークンを払い出すのが、GoogleのOAuthサービスになります。

各用語の説明が終わったので、もう一度定義に戻りましょう

> OAuth2.0はサードパーティアプリケーションによるHTTPサービスへの限定的なアクセスを可能にする認可フレームワークである。

これを例に沿って言い換えると次のとおりです。

> OAuth2.0は「画像編集アプリによるGoogle Photoへの限定的なアクセス(Aさんの画像のダウンロードのみ)」を可能にするための「アクセストークンの発行方法のルール」である。

1.2 OAuthはなぜ必要か

先程の定義には、触れられていないポイントがあります。それは「OAuthを使えば、ユーザーはサードパーティアプリにHTTPサービスのユーザー名、パスワードを教える必要がない」ということです。サードパーティアプリはユーザーのHTTPサービス上のユーザー名、パスワードを知らないにもかかわらず、限定的とはいえHTTPサービスへのアクセスが可能になります。それを可能にする方法は2章以降でじっくり解説するとして、まず、「サードパーティにユーザー名、パスワードを教えると発生する問題」について説明します。それは裏返すと「OAuthはなぜ必要か」という説明でもあります。

これも画像編集アプリの例で説明します。OAuthがなければ、Google Photoのユーザー名、パスワードを画像編集アプリに教えるしかありません。「画像編集アプリからGoogle Photoに継続的にアクセスする必要があること」、「ユーザーに何度もパスワードを入力させるのはわずらわしいこと」という理由から、パスワードは画像編集アプリに保存されるでしょう。その結果、「何が起こりうるか」、そして「OAuth2.0を利用することでそれがどのように解決するか」について説明します。

問題1

Aさんの Google Photoでのユーザー名、パスワードを画像編集アプリが保持している場合、画像編集アプリができることはGoogle Photoからの画像のダウンロードだけではありません。画像の削除、アップロードなどAさんができることは何でもできてしまいます。仮に画像編集アプリが悪意ある開発者によって作られたアプリだとします。その場合、画像編集アプリはGoogle PhotoのAさんのデータに対してあらゆる操作を勝手に行うことが可能になります[2]。

OAuth2.0を利用すれば画像編集アプリは、Aさんが委譲した権限のみを有しています。先の例では画像編集アプリはGoogle Photoからの画像のダウンロードだけを行えます。仮に、悪意あるアプリであっても、ダウンロードしかできないため影響は最低限に抑えられます。

また、Aさんは画像編集アプリに対する権限委譲についてGoogle Photoから同意を求められるので、そのときに権限が適切であるかどうかを確認することができます。

---

2. この例ではGoogle Photoだけでなく、Googleのすべてのサービスを利用可能になります。

問題2

画像編集アプリは悪意あるものによって作成されたアプリで、勝手にユーザーの画像を収集していることが判明しました。画像編集アプリがユーザー名、パスワードを保持している場合、Aさんが画像編集アプリからのアクセスを遮断するためにはGoogle Photoのパスワードを変更するしか手がありません。この結果、Aさんが利用する他のサードパーティアプリからもGoogle Photoにアクセスできなくなってしまいます。OAuth2.0を利用すれば、AさんはGoogleの管理画面から画像編集アプリのアクセスを拒否することができます。

問題3

画像編集アプリがユーザー名、パスワードを保持している場合、画像編集アプリが攻撃を受けるとユーザー名と、パスワードが漏洩する可能性があります。OAuth2.0を利用すれば画像編集アプリにはGoogle Photoのユーザー名、パスワードが保存されないので、漏洩する可能性はありません。アクセストークンが漏洩する可能性がありますが、アクセストークンには有効期限があり、かつ、限定した権限しかないので影響は限定的です。

第2章　OAuthのロール

OAuthには図2.1に示す4つのロールが登場します。この章では各ロールの詳細とロールの関係について説明します。

図2.1: OAuthの4つのロール

リソースオーナー

リソースの所有者です。画像編集アプリの例では、Google Photoに置かれた画像、動画やアルバムなどがリソースにあたります。それらを保持するGoogle Photoのユーザーがリソースオーナーになります。リソースオーナーは画像編集アプリのユーザーでもあります。

クライアント

リソースサーバーを利用するアプリケーションのことです。画像編集アプリの例では画像編集アプリがクライアントにあたります。

リソースサーバー

いわゆるWeb APIのことです。画像編集アプリの例ではGoogle PhotoのAPIがリソースサーバーにあたります。

認可サーバー

アクセストークンを発行するサーバーです。画像編集アプリの例ではGoogleのOAuthサービスが認可サーバーに当たります。

以降、これら4つのロールとそれぞれの関係について説明します。4つのロールを理解し、具体的なソフトウェア開発プロジェクトの各構成要素をOAuthのロールに正しく割り当てられるようになることが、OAuthの理解の第一歩です。

2.1 リソースオーナー

リソースオーナーとはリソースの所有者のことです。画像編集アプリの例ではユーザーがリソースオーナーになります。ユーザーが写真、動画、アルバムなどのリソースの所有者だからです。

リソースオーナーはGoogle Photoを使えば、直接それらのリソースにアクセスし、あらゆる操作を行うことが可能です。しかし、OAuthの文脈ではリソースオーナーはサードパーティアプリ(クライアント)を通して、間接的にリソースにアクセスすることになります。リソースオーナーはサードパーティーアプリにリソースへのアクセス権限を委譲します。権限を委譲されたサードパーティアプリはその権限の範囲でのみリソースへのアクセスが許可されます。

2.2 クライアント

クライアントは保護されたリソースにアクセスしようとするアプリケーションのことです。画像編集アプリの例では画像編集アプリがクライアントになります。クライアントはウェブアプリケーションやモバイルアプリケーションなど形態にはよりません。

OAuthではクライアントの認証情報であるクライアントID、クライアントシークレットをセキュアに保存できるかどうかでふたつのクライアントタイプを定義しています。

セキュアに保存できる場合は「コンフィデンシャルクライアント」と呼びます。サーバーサイドのウェブアプリケーションはコンフィデンシャルクライアントです。

セキュアに保存できない場合は「パブリッククライアント」と呼びます。ブラウザーベースのウェブアプリケーションやネイティブアプリケーションはパブリッククライアントです。

2.3 リソースサーバー

リソースサーバーは、端的にいうとデータや機能を提供するサービスのことで、一般的にはWeb APIの形で提供されます。画像編集アプリの例ではGoogle PhotoのAPIがリソースサーバーに対応します。写真、動画、アルバムなどがリソースになります。

リソースサーバーは、リソースオーナーが許可したアクセスのみを受け入れる必要があります。その確認手段がアクセストークンです。リソースサーバーへアクセスには常にアクセストークンが含まれなければなりません。リソースサーバーはアクセスがあると、アクセストークンを確認し、許可して良いアクセスかどうかを判断します。

2.4 認可サーバー

認可サーバーの機能は次の3つです。

- リソースオーナーを認証する
- クライアントのリソースへのアクセスについてリソースオーナーの同意を得る

・アクセストークンを発行する

「リソースオーナーを認証する」の認証の目的についてご注意ください。ここでの目的は画像編集アプリ(クライアント)にログインするためではありません。ログインのための認証は、画像編集アプリのID、パスワードを使って事前に行われているはずです。それとはまた別に、Google Photoのリソースのリソースオーナーであること確かめるための認証がGoogleによって行われます。したがって、ここで入力するのはGoogleアカウントのIDとパスワード[1]です。

リソースオーナーがGoogleアカウントにログインし、「画像編集アプリがGoogle Photoにアクセスすること」について同意すると、認可サーバーは画像編集アプリ(クライアント)にアクセス権の証としてアクセストークンを発行します。

先程の例でいうと、認可サーバーとはGoogleが提供するOAuthサービスです。

2.5 4つのロールの関係

図2.2に4つのロールの関係を示します。

図2.2: ロールの関係

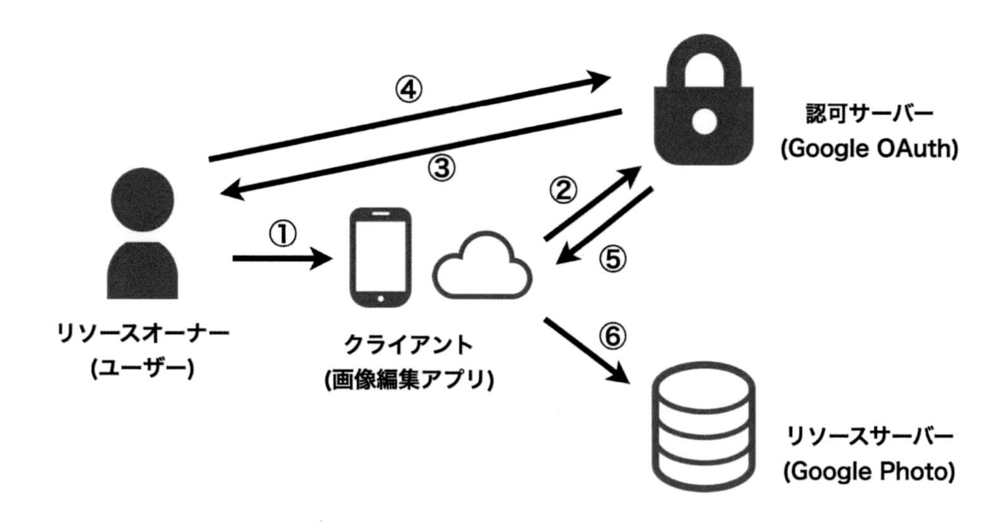

①

リソースオーナーがOAuthのフローを開始します。例ではユーザーが画像編集アプリの「Google Photo から画像をダウンロード」ボタン を押すことに相当します。

②

クライアントは認可サーバーに対して「リソースへのアクセス権」を要求します。例では、アプリがGoogle OAuthサービスに対して、Google Photoへのアクセス権を要求することに相当します。

1. 厳密には認証の手段が基本仕様で決められているわけではありません。ID、パスワード入力以外の方法もありえます。

③

認可サーバーは「クライアントへのアクセス権の委譲」についてリソースオーナーの意思を確認します。例では、Google OAuthサービスが「Google Photoへのアクセス権を画像編集アプリに委譲すること」について、ユーザーの意思を確認することに相当します。

④

リソースオーナーはアクセス権の委譲について同意します。

⑤

認可サーバーはアクセス権が委譲された証(アクセストークン)をクライアントに発行します。例では、Google OAuthサービスが、画像編集アプリにアクセストークンを発行することに相当します。

⑥

クライアントはアクセストークンをもってリソースへのアクセスが可能になります。例では、画像編集アプリがアクセストークンによってGoogle Photoの画像にアクセスすることに相当します。

第3章　OAuthのトークン

OAuthに関連するトークンとしては、アクセストークンとリフレッシュトークンがあります。また、認可コードグラントの途中で発行される認可コードもトークンの一種といえます。これらはすべて、認可サーバーからクライアントに向けて発行されます。この章ではこれらのトークンについて説明します。またアクセストークンの重要な属性であるスコープと有効期限についても説明します。

3.1　アクセストークン

アクセストークンには次の情報が紐付いています。

・誰のどのリソースにどのような操作を行うことが許可されているか

・有効期限はいつまでか

アクセストークンはクライアントからリソースサーバーに対するアクセスに利用されます。クライアントからリソースサーバーに対するすべてのアクセスに、アクセストークンが含まれていなければなりません。リソースサーバーはリクエストの内容とアクセストークンの持つ権限がマッチしている場合、リソースへのアクセスを許可します。

OAuthのアクセストークンはBearer トークン[1]です。したがって、リソースサーバーはアクセストークンの送信元を確認しません。アクセストークンを所有していれば、それだけでアクセストークンに紐付けられた権限でリソースにアクセスすることが可能になります。よって、アクセストークンを不正に入手したものは同じ権限でリソースへのアクセスが可能になります。

アクセストークンの重要な属性としてスコープと有効期限があります。次項ではこのふたつについて説明します。

3.1.1　スコープ

スコープはアクセストークンに紐づくアクセス権をきめ細かくコントロールするための仕組みです。例えば、Google Photoのリソースの書き込み権限、シェア権限、といったような権限をスコープの仕組みを使ってアクセストークンに紐づけます。

スコープにはアクセス権の内容がわかるような名前がつけられています。例としてGoogle Photoのスコープ[2]の一部を次に記載します。Googleではスコープとしてhttpsで始まるURIの形式をとっていますが、基本仕様で形式が決められているわけではありません。

https://www.googleapis.com/auth/photoslibrary.readonly

Google Photoのリソースに対する読み込み権限

https://www.googleapis.com/auth/photoslibrary.appendonly

1.Bearer トークンに関する基本仕様は RFC6750 https://tools.ietf.org/html/rfc6750 になります。

2.https://developers.google.com/photos/library/guides/authentication-authorization

Google Photoのリソースに対する書き込み権限

https://www.googleapis.com/auth/photoslibrary.sharing

Google Photoのリソースへのアクセスとシェア権限

アクセストークンに紐づけたいスコープの指定は、クライアントから認可サーバーへのリクエストの際に行われます。

クライアントが要求するスコープは必要とする最小限の権限にとどめておくべきです。そうすることで、仮にアクセストークンが流出しても、不正にアクセスできる権限は限られます。逆に不適切に広いスコープを要求した場合、権限委譲の許諾画面で「このクライアントにこの権限を与えるのは怖い」とリソースオーナーが判断し、利用を控える可能性があります[3]。

3.1.2 有効期限

アクセストークンには有効期限があります。有効期限を過ぎたアクセストークンを付与したアクセスは、リソースサーバーによって拒否されます。

アクセストークンの有効期限は、後述するリフレッシュトークンの有効期限に比べて短い時間に設定されることが一般的です[4]。有効期限が来るまでの間はクライアントはアクセストークンを何度でも利用することができます。

有効期限はアクセストークンを取得するときのレスポンスの中に記載されています。レスポンスはJSON形式となっており、「expires_in」という項目に有効期限の値が秒単位で記載されています。

次にレスポンスの例を示します。この例ではアクセストークンの有効期限は3600秒になっています[5]。

```
HTTP/1.1 200 OK
  Content-Type: application/json;charset=UTF-8
  Cache-Control: no-store
  Pragma: no-cache

  {
    "access_token":"mF_9.B5f-4.1JqM",
    "token_type":"Bearer",
    "expires_in":3600,
    "refresh_token":"tGzv3JOkF0XG5Qx2TlKWIA"
  }
```

3.2 リフレッシュトークン

リフレッシュトークンは、クライアントから認可サーバーに対してアクセストークンの再発行を

3.twitterのようにAPI利用に審査が必要なものについて、アプリの内容に対して過剰なAPI利用を申請すると審査に落とされるかもしれません。

4.具体的には各サービスによるので、なんともいえませんが筆者の感覚として1時間とか24時間といったイメージです。

5.「expires_in」以外のパラメーターについては「Step2. アクセストークンの取得(トークンエンドポイント)」で説明します。

要求する際に利用されます。リフレッシュトークンの発行は基本仕様では必須とされていないので、ご利用のAPIによってはリフレッシュトークンが発行されないこともあります。

アクセストークンがクライアントからリソースサーバーに送られるものであるのに対して、リフレッシュトークンは認可サーバーに送られるものである点にご注意ください。

リフレッシュトークンはアクセストークンと比較して遥かに長い有効期限をもちます[6]

3.3 認可コード

認可コードは「リソースオーナーがクライアントへの権限委譲に同意した証」として発行されます。そして、クライアントから認可サーバーに対してアクセストークンを要求する際に利用されます。

認可サーバーはリソースオーナーのユーザー名、パスワードを確認し、アクセス権の委譲に関する同意を得ると認可コードを生成し、HTTPリダイレクトを利用してクライアントに送信します。クライアントはトークンエンドポイントにアクセストークンを要求する際に、認可コードを利用します。

認可コードが利用できるのは一度だけです。同じ認可コードを使って、複数回トークンを要求することはできません。

認可コードはブラウザーを介して、クライアントに届くため流出するリスクが高くなります。したがって、認可コードの有効期限は通常数分程度の非常に短い時間に設定されます。基本仕様では10分以内を推奨しています。

---

6. 例えば30日間といった有効期限です。

第4章　OAuthのエンドポイント

OAuthのシーケンスを理解する際には、次の3つのエンドポイントの役割を理解することが大切です。認可エンドポイントとトークンエンドポイントは、認可サーバーが提供するURIです。リダイレクトエンドポイントは、クライアントが提供するURIです。

最も代表的なOAuthのグラントタイプである認可コードグラントでは、次の3つのエンドポイントが使われます[1]。次項では、認可コードグラントにおける各エンドポイントの役割を中心に説明します。

4.1　認可エンドポイント

認可エンドポイントは、認可サーバーによって提供されるエンドポイントで、認可コードの発行が主な役割です[2]。クライアントがアクセス権を持っていないリソースにアクセスする際には、まず認可エンドポイントにアクセスします。認可エンドポイントではユーザー名とパスワードの入力などによってリソースオーナーの認証が行われます。認証が完了すると、リソースオーナーは保護されたリソースへのアクセス権をクライアントに委譲することについて同意を求められます。リソースオーナーが同意すると、同意の証として認可コードがリダイレクトエンドポイントに送られます。

4.2　トークンエンドポイント

トークンエンドポイントは、認可サーバーによって提供されるエンドポイントです。

認可コードを受け取ったクライアントは、それと共に必要なパラメーターを指定してトークンエンドポイントにリクエストを投げることで、アクセストークンを取得できます。

トークンエンドポイントではBasic認証によって、クライアントの認証が行われます。Basic認証としてAuthorizationヘッダーに設定されるのは、クライアントIDとクライアントシークレットです。ここでクライアントIDはクライアントの識別子、クライアントシークレットはパスワードに相当するものです。このクライアントIDとクライアントシークレットは認可サーバーにクライアントを事前登録[3]する際に発行されます。

4.3　リダイレクトエンドポイント(リダイレクトURI)

リダイレクトエンドポイントはクライアントが提供します。基本仕様では「リダイレクトエンドポイント」と表現されていますが、OAuthを利用したことがある人にとっては「リダイレクトURI」

---

1. それ以外のグラントタイプでは3つのうちの一部のエンドポイントが使われます
2. インプリシットグラントではトークンが発行されます。それ以外のグラントでは認可エンドポイントは利用しません。
3. 事前登録については第5章で説明します。

という表現のほうがなじみがあると思います。

リダイレクトURIは認可サーバーから認可コードを受け取るために使われます[4]。

リソースオーナーが権限委譲に同意すると、認可サーバーはステータスコード302のレスポンスを返してリダイレクトURIにブラウザーをリダイレクトします。その際、クエリパラメーターとして認可コードの値が渡されます。リダイレクトURIを「https://client.example.com/callback」とすると、認可サーバーからのレスポンスは次のような形になります。

```
HTTP/1.1 302 Found
 Location: https://client.example.com/callback?code=SplxlOBeZQQYbYS6WxSbIA
```

4. インプリシットグラントではアクセストークンの受け渡しに利用されます。

第5章　OAuthのグラントタイプ

この章ではOAuthのグラントタイプ[1]について説明します。「グラント」の意味は「付与」なので、直訳すると「付与タイプ」になります。要するに「権限付与(委譲)のタイプ」のことです。

基本仕様では4種類のグラントタイプが定義されています。グラントタイプごとに想定される利用シーンやリクエストのパラメータが異なります。

この章ではまずクライアント登録について説明します。一つの例外[2]をのぞいて、すべてのグラントタイプはクライアントの事前登録が必要です。

つづいて、基本仕様で定義されている次の4つのグラントタイプを説明します。

- 認可コードグラント
- インプリシットグラント
- クライアントクレデンシャルグラント
- リソースオーナーパスワードクレデンシャルグラント

また、アクセストークンの有効期限が切れた場合に、リフレッシュトークンを使ってアクセストークンを再取得する流れについても説明します。

最後に、パブリッククライアントの場合のグラントタイプとして推奨されている「PKCEを用いた認可コードグラント」[3]についても説明します。

各グラントタイプでのリクエストとレスポンスには、サンプルを記載しています。これらのサンプルは、基本仕様に記載されているものをベースとして作成しました。サンプルに出てくる各エンドポイントは次のとおりです。

認可エンドポイント

- https://auth.example.com/authorize

トークンエンドポイント

- https://auth.example.com/token

リダイレクトURI

- https://client.example.com/callback
- myapp://client.example.com/callback(カスタムスキーム)

5.1　クライアントの登録

この節ではクライアントの登録について説明します。

1.OAuth を認証に拡張した、OpenID Connect では同じものを「フロー(flow)」と表現しているので「グラントタイプ」でピンと来ない場合は「フロー」に読み替えて下さい。

2. リソースオーナーパスワードクレデンシャルグラントのためにクライアントの事前登録が行われることはほぼないと思われます。

3. まだ、確定ではなく議論中のインターネットドラフトの状態ですが、最新のベストプラクティスではコンフィデンシャルクライアントにおいても PKCE を使うことが推奨されています。https://www.ietf.org/archive/id/draft-ietf-oauth-security-topics-22.html#name-authorization-code-grant

クライアントの開発者はリソースを提供する組織に対してクライアントの情報を登録し、クライアントID、クライアントシークレットの発行を受ける必要があります。クライアントID、クライアントシークレットは、クライアントから認可サーバーに対するリクエストの中でパラメータとして使用します。

クライアントの登録方法およびクライアントID、クライアントシークレットの発行方法については基本仕様で規定されていません。しかし、一般的には認可サーバーおよびリソースサーバーを提供する組織の開発者向けサイトにて、クライアントの情報を登録し、クライアントID、シークレットの発行を受けます。画像編集アプリの例では、開発者はGoogleの開発者向けサイトであるGoogle Cloud コンソール[4]にて画像編集アプリを登録します。

開発者がクライアントの情報として登録する情報で最も大切なものは、「4.3 リダイレクトエンドポイント(リダイレクトURI)」で説明したリダイレクトURIです[5]。

5.2 認可コードグラント

この節では基本仕様に記載されている4つのグラントタイプの中で最も重要な認可コードグラントについて説明します。

認可コードグラントはリソースオーナー、クライアント、認可サーバーの3者でのやりとりのため、3-legged OAuthとも呼ばれます。

5.2.1 特徴

認可コードグラントに登場するロールを図5.1に示します。認可コードグラントではOAuthの4つのロールのすべてが登場します。

4.https://console.cloud.google.com/

5. ただし、リダイレクトURIが必要なのは4つのグラントタイプのうち認可コードグラントとインプリシットグラントだけです。

図5.1: 認可コードグラントに登場するロール

認可コードグラントは基本仕様では「コンフィデンシャルクライアントに最適化されたグラント」と記載されており、この節でもコンフィデンシャルクライアントを前提に説明をすすめます。しかし、「最適化された」という表現が示唆するように、パブリッククライアントでの利用を禁止しているわけではありません。それどころか、現時点はPKCEを使うことを前提に、あらゆる種類のクライアントで推奨されるグラントタイプと言えます[6]。

パブリッククライアントでも利用されるため、クライアントシークレットをリクエストのパラメーターに含めない(クライアント認証を行わない)ケースも認められています[7]。

認可コードグラントの特徴はセキュアであることです。アクセストークンがブラウザーを介さずに、直接クライアントと認可サーバー間で受け渡されるため、アクセストークンが流出するリスクは低くなります[8]。

もう一つの特徴はリフレッシュトークンの発行が可能な点です[9]。リフレッシュトークンによって、クライアントはアクセストークンの有効期限が切れた後に、再度リソースオーナーの認証を行うことなく、新しいアクセストークンを取得できます。

5.2.2 シーケンス

認可コードグラントでアクセストークンが発行されるシーケンスを図5.2に示します。リソースサーバーとしてはGoogle PhotoのAPIの名称であるPhotos Library APIと記載しています。

6.PKCEについては「5.7 認可コードグラント + PKCE」で説明します。

7. 実情としてはパブリッククライアントにシークレットを持たせているケースもあります。例えば、プラットフォームが提供する機能でシークレットを難読化してアプリの内部に持たせることもあるようです。ただし、リバースエンジニアリングやリクエストの解析によりシークレットが漏れてしまうことは想定しておくべきです。

8. あとで説明するインプリシットグラントではブラウザーを介してクライアントにアクセストークンが渡ります。

9. ただし、リフレッシュトークンの発行は基本仕様では「任意」とされているため必ずしも発行されるとは限りません。

図 5.2: 認可コードグラント

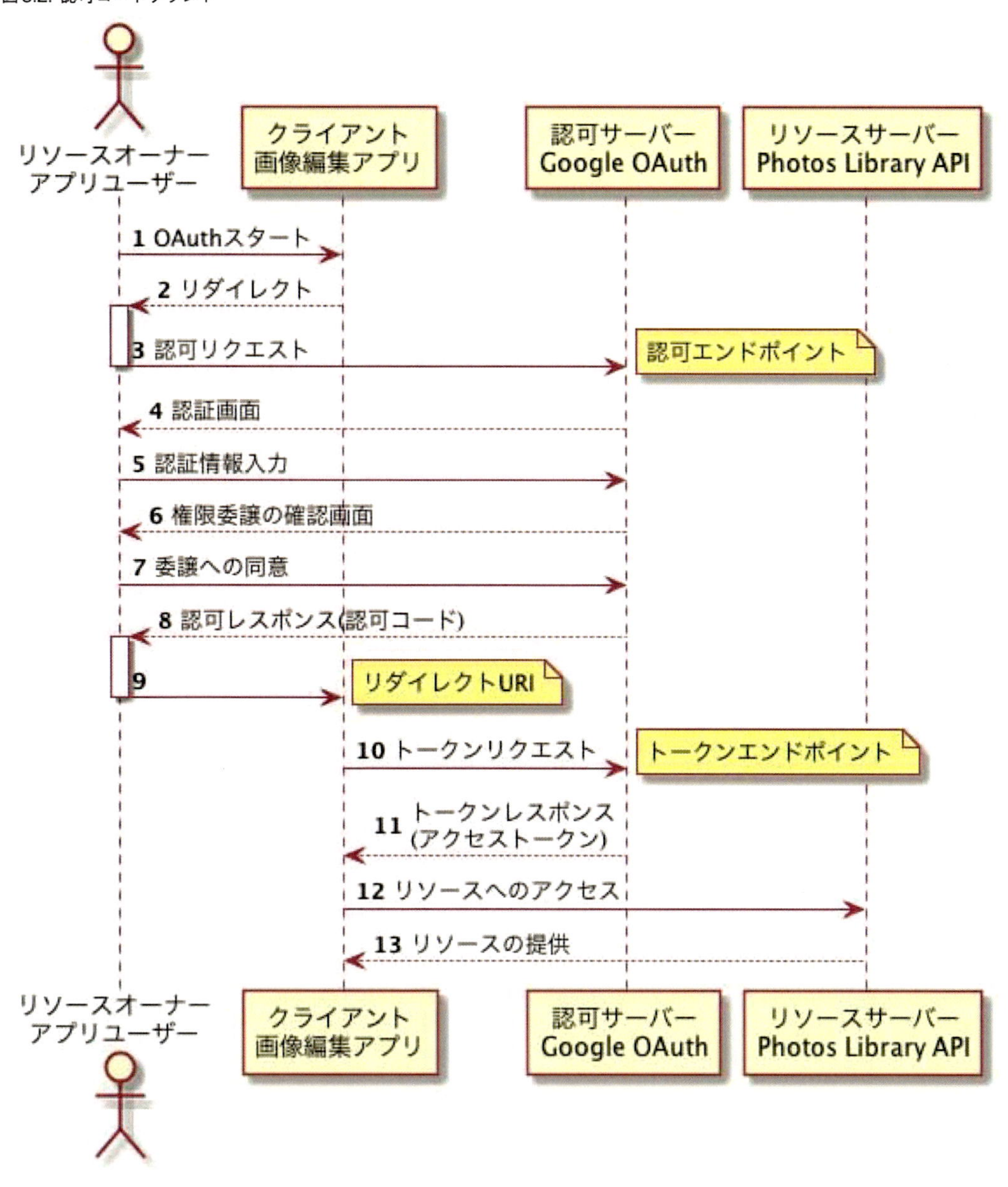

このグラントタイプは大きく3つのステップに分かれます。カッコの中はそのステップが展開されるエンドポイントを示しています。

Step1. 認可コードの取得 (認可エンドポイント)

クライアントは認可エンドポイントから認可コードを取得します。(図5.2の1-9)

Step2. アクセストークンの取得 (トークンエンドポイント)

クライアントは認可コードを利用して、トークンエンドポイントに対してアクセストークンの発行をリクエストします。(図5.2の10,11)

Step3. リソースへのアクセス

クライアントはアクセストークンを利用してリソースにアクセスします。(図5.2の12,13)

次項ではこの3つのステップのそれぞれのリクエストとレスポンスを詳細に見ていきます。

Step1. 認可コードの取得(認可エンドポイント)

まずは、クライアントが認可コードを取得するステップです。このステップは認可エンドポイントを中心に展開されます。図5.3の枠で囲われた部分がこのステップにあたります。

図5.3: 認可コードグラント 認可コード取得

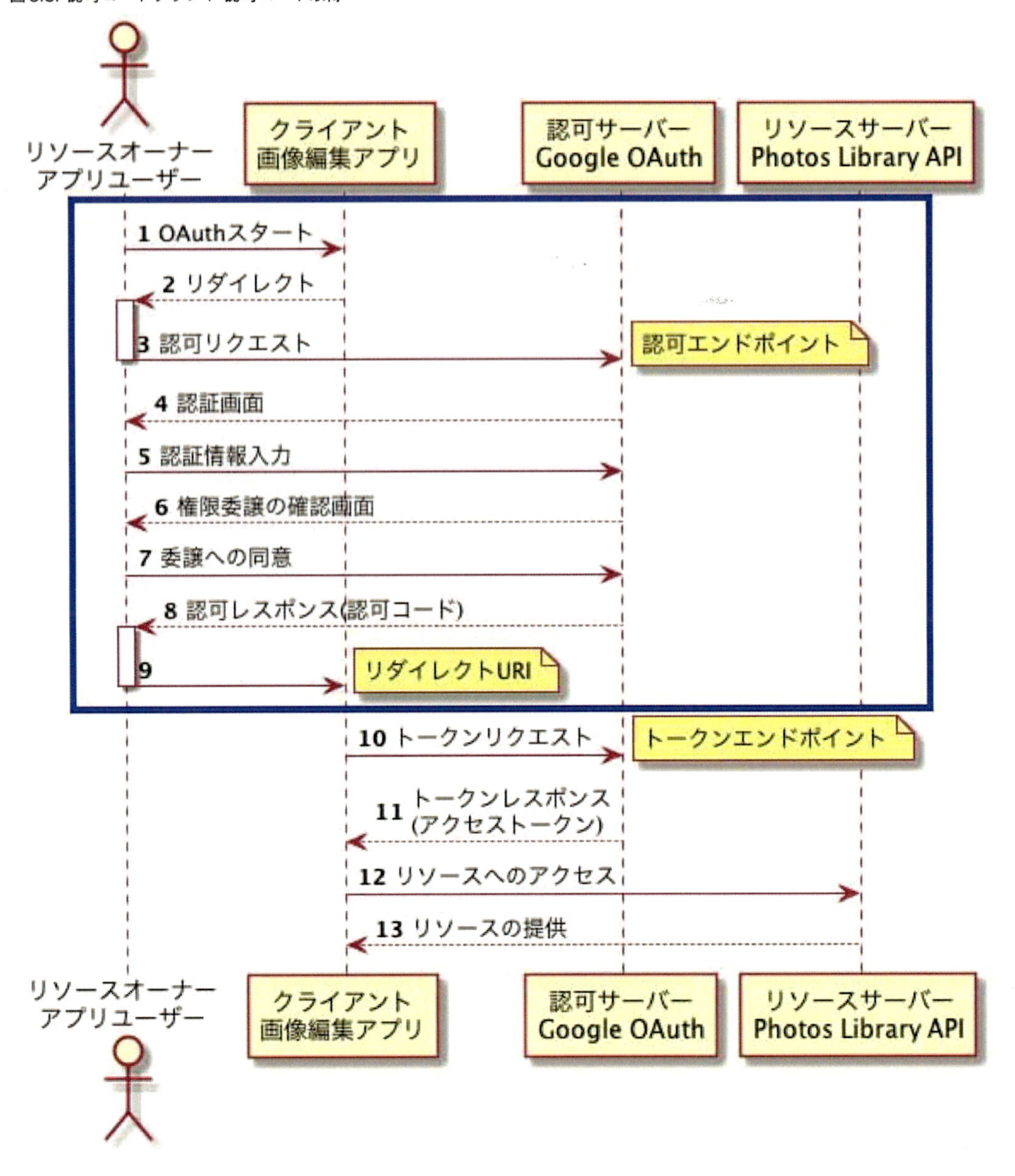

■ 図5.3の1番

1番から認可コードグラントがスタートします。画像編集アプリの例ではアプリのユーザーが「Google Photoから画像を取得」ボタンを押すことに対応します。

■ 図5.3の2番,3番

2番でクライアントはHTTP ステータスコード302を返し、リダイレクト使って、リソースオーナーを認可エンドポイントに導きます。認可エンドポイントのURIにはリクエストに必要な情報がクエリパラメーターとして付与されています。

結果として3番のリクエストは次のような形になります。この認可エンドポイントへのリクエストのことを「認可リクエスト」と呼びます。

```
GET /authorize
      ?response_type=code
      &client_id=s6BhdRkqt3
      &state=xyz
      &scope=read
      &redirect_uri=https%3A%2F%2Fclient%2Eexample%2Ecom%2Fcallback

HTTP/1.1
Host: auth.example.com
```

次の5つがクエリパラメーターとして設定されています。

response_type

値として「code」を設定します。認可サーバーはこの値をもって、認可コードの発行を求められていることを知ります。

client_id

クライアントの事前登録時に発行されたクライアントIDの値を設定します。

state

クライアントが生成したランダムな値を設定します。stateはユーザーのセッションと紐づけて管理することでクロスサイトフォージェリを防ぎます。詳細は後述します。

scope

クライアントが要求するスコープを記載します。詳細は「3.1.1 スコープ」を参照してください。

redirect_uri

クライアントの事前登録の際に登録したリダイレクトURIを設定します[10]。

■ 図5.3の4番、5番

4番で認可サーバーはリソースオーナーにログイン画面を表示して、ユーザー名、パスワードの入力を求めます。5番でリソースオーナーがユーザー名、パスワードを入力し、認証が完了します。ここでの説明はパスワード認証にしましたが、OAuthの基本仕様で特定の認証方法を定めているわ

10. リクエストのサンプルでは https://client.examople.com/callback ではなく https%3A%2F%2Fclient%2Eexample%2Ecom%2Fcallback となっているのは URL エンコードしているからです。

けではありません。2要素認証、生体認証などでもかまいません。また、すでにGoogleでログイン済みの場合は4番のログイン画面は4番、5番はスキップされます。

シーケンス図に示すようにリソースオーナーの認証のやりとりはリソースオーナーと認可サーバーとの間で行われます。クライアントはこのやりとりに関わりません。(4番、5番のやりとりにクライアントは関わっていません。)したがって、リソースオーナーのユーザー名、パスワードをクライアントが知ることはありません。

■ 図5.3の6番、7番

6番で認可サーバーはクライアントが要求する権限の一覧をリソースオーナーに対して表示します。認可サーバーは3番のリクエストでクライアントが指定したスコープにそって、権限の一覧を表示します。リソースオーナーはここで、権限をクライアントに委譲することについて「同意」または「拒否」を選択します。7番で同意が完了すると、認可コードがクライアントに向けて発行されます。すなわち認可コードとは、リソースオーナーが権限委譲に同意したことの証なのです。

■ 図5.3の8番、9番

8番で認可サーバーがステータスコード302のレスポンスを返します。このレスポンスのことを「認可レスポンス」と呼びます。Location ヘッダーには3番で指定したリダイレクトURIが入っています。8番のレスポンスの例を示します。

```
HTTP/1.1 302 Found
 Location: https://client.example.com/callback?code=SplxlOBeZQQYbYS6WxSbIA
           &state=xyz
```

リダイレクトURIにはクエリパラメーターとして、次のふたつのパラメーターがセットされています。

code

認可コードの値です。このあとのアクセストークン取得ステップに必要です。詳細は「3.3 認可コード」を参照してください。

state

3番のリクエストに含まれているstateの値が付与されています。詳細は後述します。

9番でリソースオーナーのブラウザーはリダイレクトURIにリダイレクトされます。

認可コードはリソースオーナーのブラウザーを一度介してからクライアントに渡るため、ここで認可コードの漏洩や置き換えのリスクがあります。したがって、認可コードの有効期限は比較的短めに設定されています。基本仕様では10分以内を推奨しています。

最後にセキュリティー的に重用なパラメーターであるstateパラメーターについて説明します。stateパラメーターの利用は基本仕様では必須とはされていませんが、クロスサイトリクエストフォージェリを防ぐために利用することが推奨されています。1番のあとクライアントはstateパラメーターの値としてランダム文字列を生成し、セッションと紐づけて管理します。2番3番の流れで認可サーバーにstateの値が渡され、8番、9番の流れでクライアントにstateの値が返ってきます。このとき、クライアントは「9のセッションとstateの値」が、「1のセッションとstateの値」と一致することを確認します。これによってクロスサイトリクエストフォージェリを防ぐことができます。なお、クロスサイトリクエストフォージェリも含めてOAuthに対する攻撃については本書の続編である「OAuth・OIDCへの攻撃と対策を整理して理解できる本（リダイレクトへの攻撃編)」に詳しく解説してあるので、ご興味ある方はそちらもぜひお読みください。

以上が、Step1 認可コード取得の流れです。

Step2. アクセストークンの取得(トークンエンドポイント)

次はアクセストークン取得のステップです。このステップはトークンエンドポイントで展開されます。図5.4の枠で囲われた部分がこのステップにあたります。

図5.4: 認可コードグラント アクセストークン取得

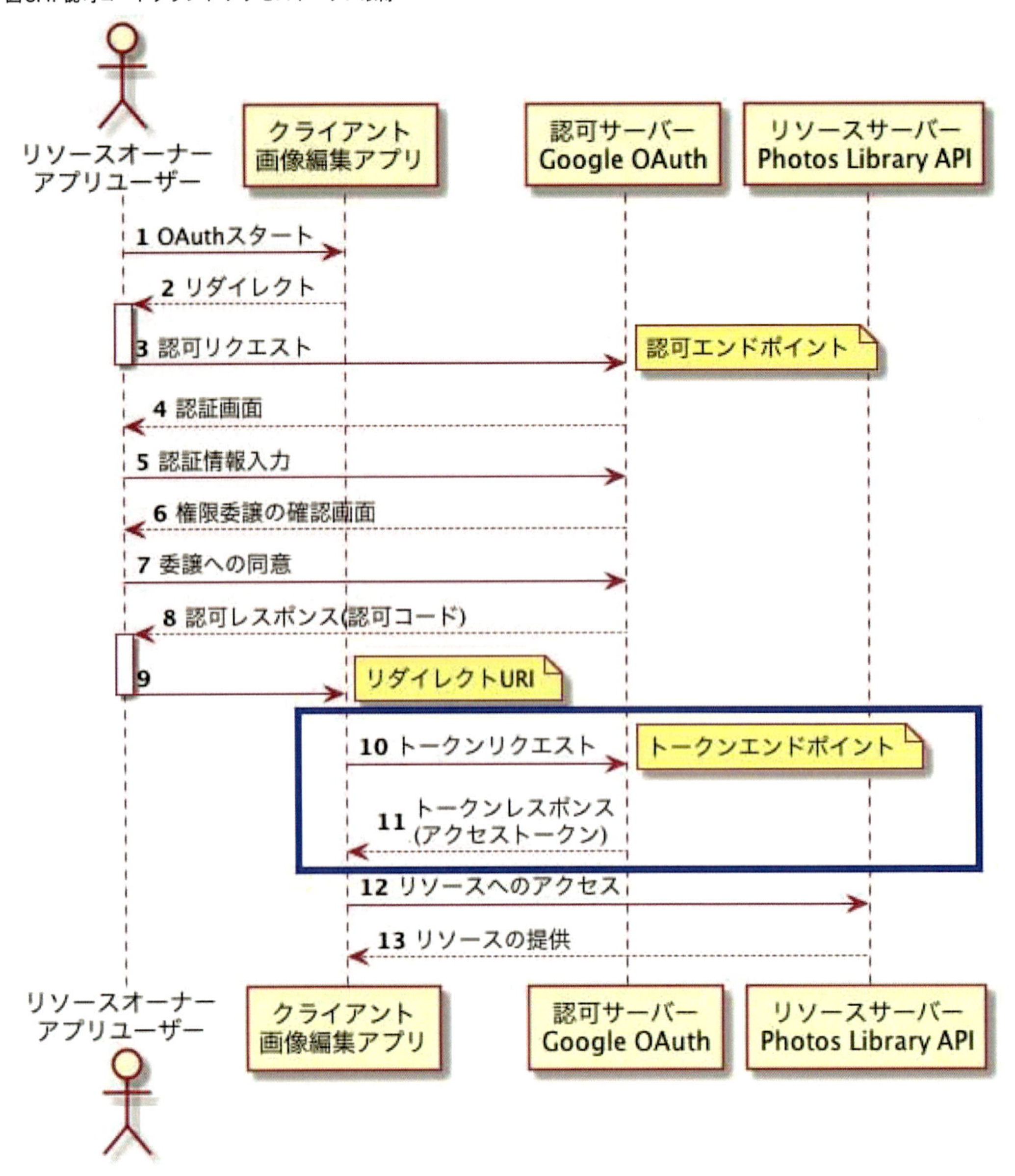

■ 図5.4の10番

取得した認可コードを付与して、クライアントからトークンエンドポイントにリクエストを投げます。このリクエストのことを「トークンリクエスト」と呼びます。

トークンリクエストではクライアント認証が行われるため、Basic認証の仕組みを使ってクライアントID、クライアントシークレットの値を送付します。リクエストの例を次に示します。Authorizationヘッダーのの後に設定された文字列はクライアントIDとクライアントシークレットを「:」でつないでBase64エンコードしたものです。

```
POST /token HTTP/1.1
  Host: auth.example.com
  Authorization: Basic czZCaGRSa3F0MzpnWDFmQmF0M2JW
  Content-Type: application/x-www-form-urlencoded

  grant_type=authorization_code
  &code=SplxlOBeZQQYbYS6WxSbIA
  &redirect_uri=https%3A%2F%2Fclient%2Eexample%2Ecom%2Fcallback
```

また、基本仕様ではクライアントID、クライアントシークレットをボディに含む形も認めています[11]。その場合、Basic認証のためのAuthorizationヘッダーは必要ありません。

```
POST /token HTTP/1.1
  Host: auth.example.com
  Content-Type: application/x-www-form-urlencoded

  grant_type=authorization_code
  &code=SplxlOBeZQQYbYS6WxSbIA
  &redirect_uri=https%3A%2F%2Fclient%2Eexample%2Ecom%2Fcallback
  &client_id=s6BhdRkqt3
  &client_secret=7Fjfp0ZBr1KtDRbnfVdmIw
```

ボディで指定するパラメーターは次のとおりです。

grant_type

値に「`authorization_code`」を設定します。認可サーバーはこの値を持って、認可コードグラントによるリクエストであることを知ります。

code

9番で取得した認可コードの値を設定します。

redirect_uri

3番のリクエストで指定した`redirect_uri`を設定します。

client_id

クライアントの登録時に発行されたクライアントIDの値を入れます。

client_secret

クライアントの登録時に発行されたクライアントシークレットの値を入れます。リクエストを受け取ったトークンエンドポイントは送られてきたパラメーターを確認した後、認可コードに紐付いたスコープに対応するアクセストークンを生成します。

■ 図5.4の11番

11番でアクセストークン、リフレッシュトークンおよびアクセストークンの有効期限がクライアントに渡されます。このレスポンスのことを「トークンレスポンス」と呼びます。次にレスポンス

11. 「5.7 認可コードグラント + PKCE」で示すとおり、パブリッククライアントのためにボディにシークレットを含めない形式も認められています。

の例を示します。

```
HTTP/1.1 200 OK
  Content-Type: application/json;charset=UTF-8
  Cache-Control: no-store
  Pragma: no-cache

  {
    "access_token":"A28TWpKL",
    "token_type":"Bearer",
    "expires_in":3600,
    "refresh_token":"tGzv3JOkF0XG5Qx2TlKWIA",
  }
```

ボディにはJSONの形で次のパラメーターが返ってきます。

access_token

このパラメーターの値として入っている文字列がアクセストークンです。詳細は「3.1 アクセストークン」を参照してください。

token_type

Bearerという値が入っています。これは発行したアクセストークンがBearerトークンであることを示しています。Bearer トークンについては「3.1 アクセストークン」を参照してください。

expires_in

アクセストークンの有効期限が秒単位で入っています。例えば、この値が3600の場合、有効期限は1時間であることを示しています。

refresh_token

このパラメーターとして入っている文字列がリフレッシュトークンです。リフレッシュトークンの発行は基本仕様では任意のため、必ずしも返ってくるとは限りません。詳細は「3.2 リフレッシュトークン」を参照してください。

Step3. リソースへのアクセス

最後のステップはクライアントによるリソースへのアクセスです。図5.5の枠で囲われた部分がこのステップにあたります。

図5.5: 認可コードグラント リソースアクセス

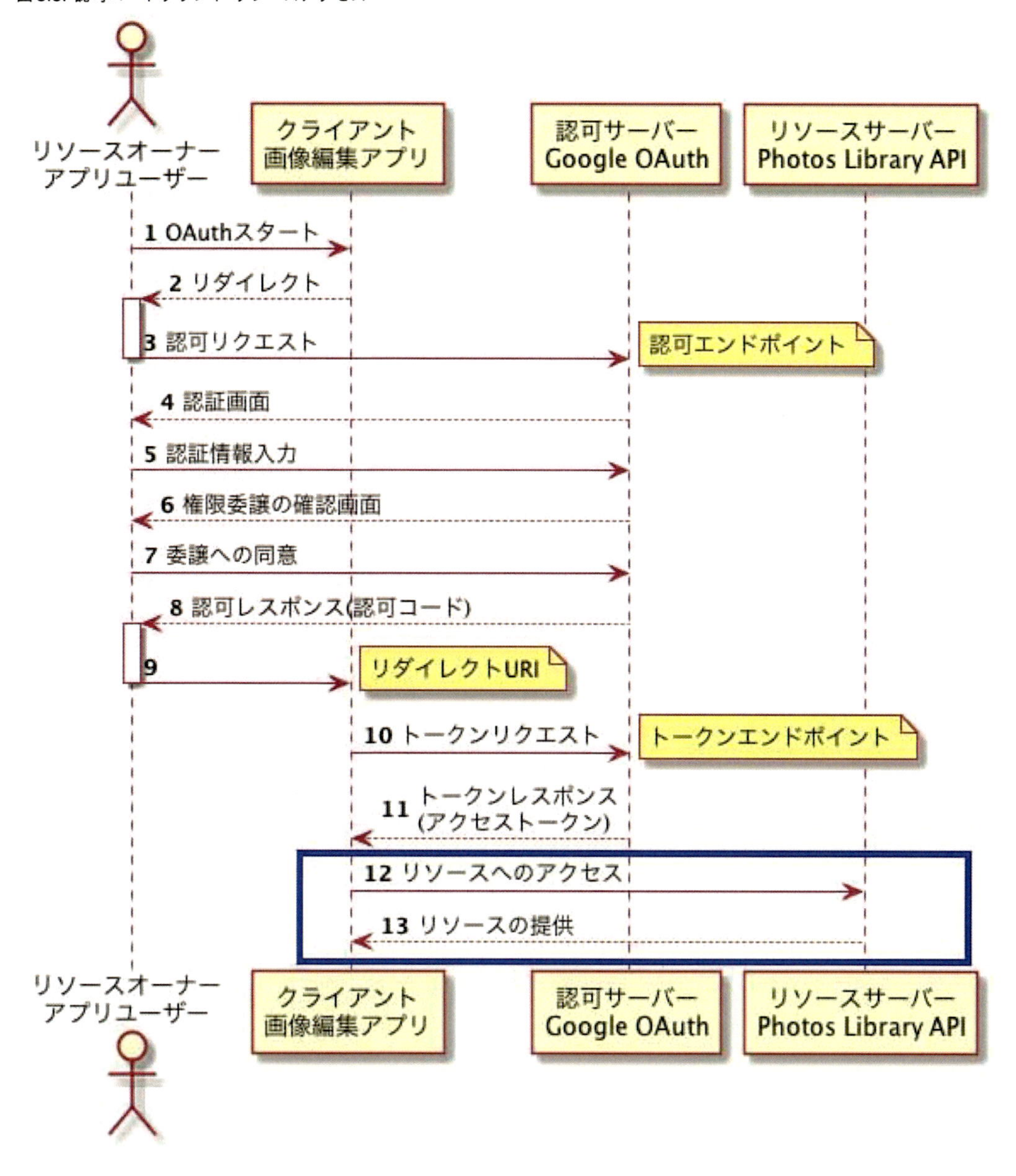

■ 図5.5の12番、13番

12番でクライアントはリソースサーバーのリソースにアクセスします。このリクエストの投げ方はリソースサーバーのAPI仕様を確認する必要があります。OAuthのルールとして共通しているのは、Authorization Headerの値として「Bearer」という文字列と共にアクセストークンの値を設定することです。アクセスを受けたリソースサーバーはAuthorizationヘッダーからアクセストークンを抽出し、紐付いた権限を確認します。権限が適切であれば、13番でリソースサーバーから要求されたリソースが提供されます。

5.3 インプリシットグラント

この節ではパブリッククライアント向けのグラントタイプであるインプリシットグラントについて説明します。ただし、2023年現在、インプリシットは非推奨となっており、代わりに「5.7 認可コードグラント + PKCE」に記載したPKCEを使った認可コードグラントが推奨されています[12]。インプリシットグラントが非推奨となった理由は、この節の最後で説明します。

5.3.1 特徴

インプリシットグラントはパブリッククライアントのためのグラントタイプです。例えば、クライアントサイドJavaScriptで実装されたアプリや、ネイティブアプリケーションでの利用を想定しています。

インプリシットグラントに登場するロールを図5.6に示します。インプリシットグラントではOAuthの4つのロールを担う要素がすべて登場します。

図5.6: インプリシットグラントに登場するロール

インプリシットグラントの特徴の一つはクライアントと認可サーバー間でクライアント認証が行われないことです。先に「パブリッククライアントのためのグラントタイプ」と記載したように、ここに登場するクライアントは秘匿情報であるクライアントシークレットを安全に保持することはできないため、クライアントから送信するリクエストにクライアントシークレットを含むことができません。かわりに、インプリシットグラントでは事前登録したリダイレクトURIにアクセストークンを受け渡すことによって、正しいクライアントへの受け渡しを担保しています。

また、インプリシットグラントでは、リフレッシュトークンの発行が禁止されていることも特徴です[13]。リフレッシュトークンがないため、アクセストークンの有効期限が切れた場合は、インプ

12.OAuth 2.0 Security Best Current Practice(https://www.ietf.org/archive/id/draft-ietf-oauth-security-topics-22.html)

13. 他のグラントタイプでは任意でリフレッシュトークンの発行が認められています。

リシットグラントのシーケンスを最初からやり直す必要があります。

5.3.2　シーケンス

インプリシットグラントのシーケンスを図5.7に示します。クライアントから認可エンドポイントに対して一度のリクエストを送ることでアクセストークンが発行されます。このグラントタイプではトークンエンドポイントは使われません。なお、リソースサーバーへのアクセスの流れはすべてのグラントタイプで共通のためここでは省略します。

図5.7: インプリシットグラント

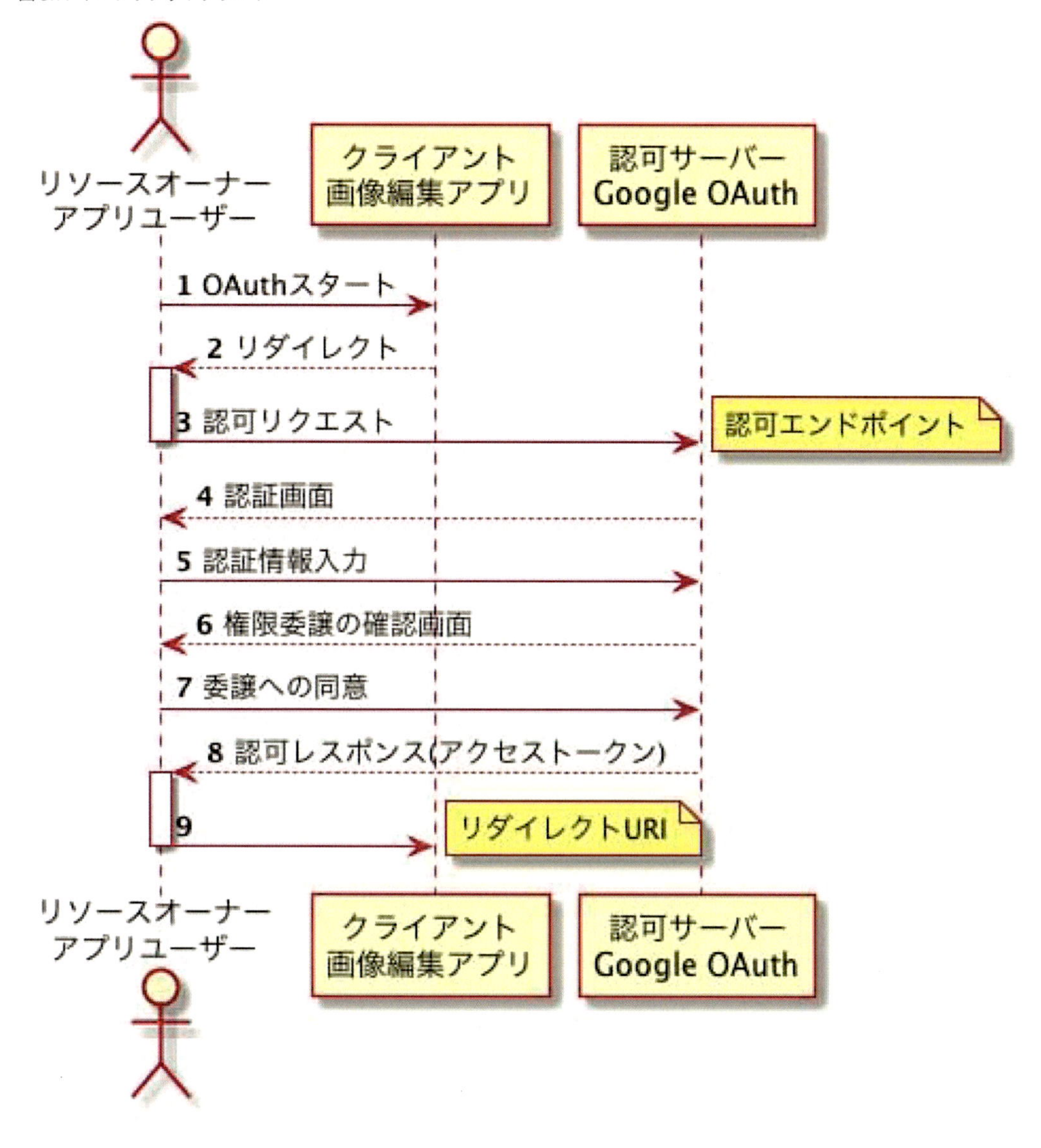

では、シーケンス図を詳細に見ていきます。

■ 図5.7の1番

1番からインプリシットグラントがスタートします。画像編集アプリの例ではアプリのユーザーが「Google Photoから画像を取得」ボタンを押すことに対応します。

■ 図5.7の2番,3番

2番でクライアントはHTTPステータスコード302を返します。Locationヘッダーには、認可エンドポイントのURIに認可エンドポイントへのリクエストに必要なパラメーターがクエリパラメーターとして付与されたものが設定されています。結果として3番のリクエストは次のような形になります。このリクエストは「認可リクエスト」と呼ばれます。

```
GET /authorize
      ?response_type=token
      &client_id=s6BhdRkqt3
      &state=xyz
      &scope=read
      &redirect_uri=https%3A%2F%2Fclient%2Eexample%2Ecom%2Fcallback
HTTP/1.1
Host: auth.example.com
```

3番のリクエストには次の5つのパラメーターがクエリパラメーターとして付与されます。

response_type

値として「token」を設定します。この値をもって、認可エンドポイントはアクセストークンの発行を求められていることを知ります[14]。

client_id

クライアントの登録時に発行されたクライアントIDの値を入れます。

state

クライアントが生成したランダムな値を設定します。stateはユーザーのセッションと紐づけて管理することでクロスサイトフォージェリを防ぎます。詳細は「Step1. 認可コードの取得(認可エンドポイント)」を参照してください。

scope

クライアントが要求するスコープを記載します。詳細は「3.1.1 スコープ」を参照してください。

redirect_uri

クライアントの事前登録の際に登録したリダイレクトURIを設定します。

■ 図5.7の4番、5番、6番、7番

ここの流れは「5.2 認可コードグラント」と同じです。

ブラウザーの画面でGoogleアカウントのID、パスワードの入力および権限委譲についての同意が行われます。

図5.7の8番、9番

8、9番でリダイレクトを使って、クライアントにアクセストークンを渡します。

14. 認可コードグラントではこの値は「code」でした。この場合発行を求められているのは認可コードになります。

8番の認可サーバーのレスポンスの例を示します。このレスポンスを「認可レスポンス」と呼びます。

```
HTTP/1.1 302 Found
  Location: http://client.example.com/callback
            #access_token=2YotnFZFEjr1zCsicMWpAA
            &token_type=bearer
            &scope=read
            &state=xyz
            &expires_in=3600
```

Locationヘッダーに設定されているURIは3番で指定したリダイレクトURIです。認可コードグラントの場合は「?」ではじまるクエリであったのに対して、ここでは「#」ではじまるフラグメントになっている点にご注意ください。さらにフラグメントとして次のパラメーターが含まれています。

access_token

このパラメーターの値として入っている文字列がアクセストークンです。詳細は「3.1 アクセストークン」を参照してください。

token_type

Bearerという値が入っています。これは発行されたアクセストークンがBearerトークンであることを示しています。Bearerトークンについては「3.1 アクセストークン」を参照してください。

scope

3で指定したスコープの値が含まれています。スコープについては「3.1.1 スコープ」を参照してください。

state

3番で指定したstateの値が入っています。stateについては「Step1. 認可コードの取得(認可エンドポイント)」を参照してください。

expires_in

アクセストークンの有効期限が秒単位で入っています。例えば、この値が3600の場合、有効期限は1時間であることを示しています。

これがインプリシットグラントによるアクセストークンの発行です。認可コードグラントに比べて非常にシンプルになっていることがわかると思います。フラグメントにアクセストークンが入っているのは、リダイレクトを受け取ったウェブサーバー上での流出に配慮したものです。Javascriptはフラグメントにアクセスできますが、ウェブサーバーにはフラグメント部分は送信されないため、ウェブサーバー側からのアクセストークンの流出は防げます。

8番、9番の認可レスポンスの部分でアクセストークンを含むURIがブラウザーのリダイレクトを通してクライアントに渡っていることがわかると思います。この部分でのアクセストークンの漏洩や置き換えのリスクがあるため、セキュリティー的には脆弱になっています。

5.3.3 インプリシットが非推奨になった理由

OAuth 2.0 Security Best Current Practice[15](以降、BCP)のセクション3.1.2にインプリシットが非推奨である理由が記載されています。

シーケンスの部分で記載したようにアクセストークンがリダイレクトでクライアントに受け渡されるため、漏洩や置き換えのリスクがあります。

このトークン置き換え攻撃を防ぐ方法として、Sender-Constrained アクセストークン[16]がBCPのドキュメントの中で提唱されています。Sender-Constrained アクセストークンとはクライアントに紐付けられたアクセストークンのことです。アクセストークンを受け取ったリソースサーバーはアクセストークンの送信者が正当なクライアントであることを確認できるので、トークン置き換え攻撃を防ぐことができます。

このSender-Constrained アクセストークンを実現するためにいくつかの仕様が検討されています。しかし、いずれもウェブサーバー間の通信を想定しているため、パブリッククライアントを前提としているインプリシットグラントでは実現できません。これが、インプリシットが非推奨となった大きな理由です。

5.4 クライアントクレデンシャルグラント

この節では、クライアントと認可サーバー間だけのやりとりでアクセストークンを発行する、クライアントクレデンシャルグラントについて説明します。2者間のやりとりのみなので、2-legged OAuthとも呼ばれます。

5.4.1 特徴

クライアントクレデンシャルグラントに登場するロールを図5.8に示します[17]。このグラントタイプではクライアントがリソースオーナーであることが特徴です。

15.https://www.ietf.org/archive/id/draft-ietf-oauth-security-topics-22.html

16. 日本語で「記名式トークン」と訳されることもあるようですが、筆者の馴染みがないため Sender-Constrained と英語のままで記載します。

17. これまでの図と一貫性をもたせるために、「Google OAuth」という記載をしていますが、Google OAuth サービスではクライアントクレデンシャルグラントはサポートしていません。

図5.8: クライアントクレデンシャルグラントに登場するロール

このグラントタイプを利用するのは次の条件を満たすときです。

・認可サーバーが提供するアクセストークンの権限はエンドユーザー単位ではなく、アプリ単位(クライアント単位)

・クライアントがコンフィデンシャルクライアント

クライアントクレデンシャルグラントの一番の特徴はエンドユーザーが登場しないことです。そのため、ユーザー名、パスワードの入力ステップも権限の同意ステップもありません。

なお、このグラントタイプでは「リフレッシュトークンは含むべきではない」とされています。

5.4.2　シーケンス

クライアントクレデンシャルグラントのグラント図を図5.9に示します。

図5.9: クライアントクレデンシャルグラント

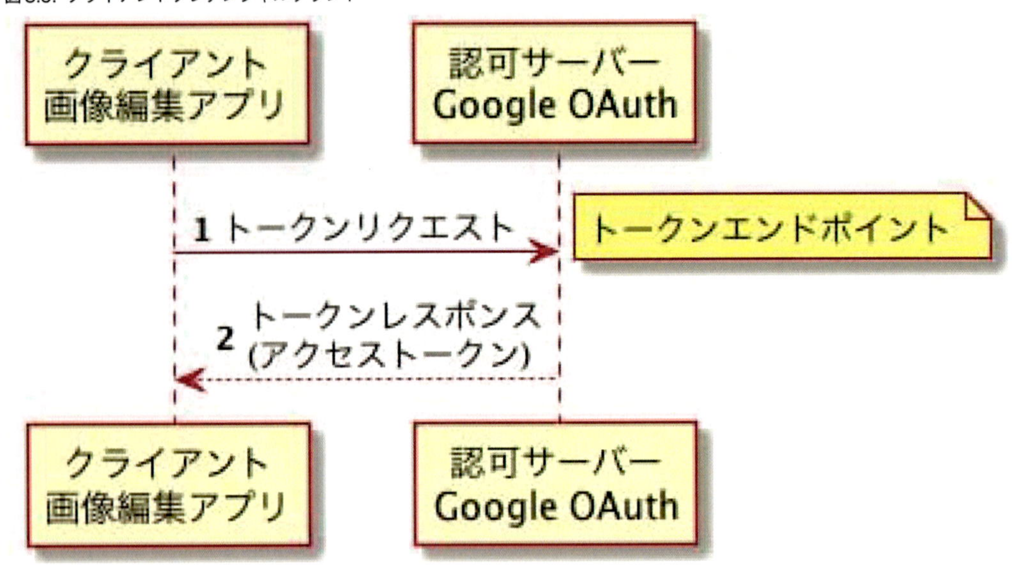

このグラントタイプではトークンエンドポイントへの一度のリクエストでアクセストークンが発行されます。

■ 図5.9の1番

1番でクライアントからトークンエンドポイントにアクセストークンの要求をおくります。リクエストのサンプルを次に示します。

```
POST /token HTTP/1.1
  Host: auth.example.com
  Authorization: Basic czZCaGRSa3F0MzpnWDFmQmF0M2JW
  Content-Type: application/x-www-form-urlencoded

  grant_type=client_credentials
  scope=read
```

ボディに含まれるパラメーターは次のとおりです。

grant_type

値として「client_credentials」を設定します。トークンエンドポイントはこの値をもって、クライアントクレデンシャルグラントによるアクセストークンを求められていることを知ります。

scope

クライアントが要求するスコープを記載します。詳細は「3.1.1 スコープ」を参照してください。

これらのパラメーターに加えてBasic認証の仕組みを使ってクライアントID、クライアントシークレットの値を送付します。

■ 図5.9の2番

クライアントID、クライアントシークレットを確認した認可サーバーはJSONの形でアクセストークンを返信します。

レスポンスの例を次に示します。各パラメーターについては「Step2. アクセストークンの取得(トークンエンドポイント)」を参照してください。

```
HTTP/1.1 200 OK
  Content-Type: application/json;charset=UTF-8
  Cache-Control: no-store
  Pragma: no-cache

  {
    "access_token":"2YotnFZFEjr1zCsicMWpAA",
    "token_type":"Bearer",
    "expires_in":3600,
  }
```

5.5 リソースオーナーパスワードクレデンシャルグラント

ここではリソースオーナーパスワードクレデンシャルグラントの説明を行います。

5.5.1 特徴

リソースオーナーパスワードクレデンシャルグラントに登場するロールを図5.10に示します。リソースオーナーパスワードクレデンシャルグラントでは、OAuthの4つのロールがすべて登場します。

このグラントタイプの特徴は、リソースオーナーのユーザー名とパスワードがクライアントを通して認可サーバーに送られることです。

図5.10: リソースオーナーパスワードクレデンシャルグラントに登場するロール

リソースオーナーパスワードクレデンシャルグラントを利用できるのは、リソースサーバーおよび認可サーバーとクライアントの提供元が同じ組織である場合です[18]。画像編集アプリの例でいうと、Google Photoアプリのようにクライアントも Googleによって提供されているケースです。

厳密に言うと、「リソースオーナーがリソースサーバーのユーザー名とパスワードをクライアントと共有しても良いケース」であれば、このグラントタイプを利用可能です。通常そのようなケースは、クライアントとAPIの提供元が同じ場合くらいしかありません。

クライアントにリソースオーナーのユーザー名、パスワードを教えるとなると、「1.2 OAuthはなぜ必要か」で取り上げた問題が発生するのではないか？という疑問がわいた読者がいるかもしれません。確かに一部の問題は残りますが、クライアントがリソースオーナーのユーザー名、パスワードを後の利用のために保存しておく必要がなくなるので、一部の問題は解決されます。

なお、このグラントタイプでは「リフレッシュトークンの発行は任意」とされています。また、クライアントタイプがコンフィデンシャル、パブリックの両方で利用可です。

5.5.2 シーケンス

リソースオーナーパスワードクレデンシャルグラントのグラント図を図5.11に示します。クライアントはリソースオーナーから直接受け取ったユーザー名とパスワードをトークンエンドポイントに対して送信することでアクセストークンを取得します。したがって、このグラントでは認可エンドポイントは利用しません。

図5.11: リソースオーナーパスワードクレデンシャルグラント

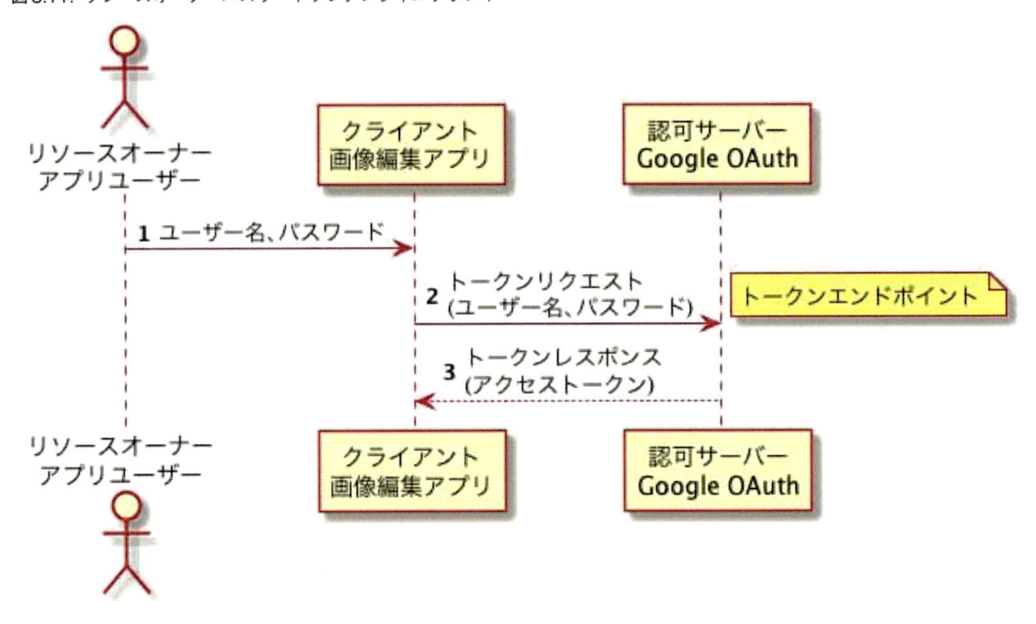

■ 図5.11の1番

18. クライアントがユーザー名、パスワードを保持する連携から、OAuthの認可コードグラントやインプリシットグラントに移行するときのつなぎのためにも利用されます。

1番からリソースオーナーパスワードクレデンシャルグラントがスタートします。リソースオーナーはリソースにアクセスするためのユーザー名、パスワードを入力します。

■ 図5.11の2番

2番でクライアントからトークンエンドポイントに対してアクセストークンをリクエストします。リクエストのサンプルを次に示します。

```
POST /token HTTP/1.1
 Host: auth.example.com
 Authorization: Basic czZCaGRSa3F0MzpnWDFmQmF0M2JW
 Content-Type: application/x-www-form-urlencoded

 grant_type=password
 &username=johndoe
 &password=A3ddj3w
 &scope=read
```

ボディに含まれるパラメーターは次のとおりです。

grant_type

値として「password」を設定します。トークンエンドポイントはこの値をもって、リソースオーナーパスワードクレデンシャルグラントによるアクセストークン発行を求められていることを知ります。

username

リソースオーナーのユーザー名を設定します。

password

リソースオーナーのパスワードを設定します。

scope

クライアントが要求するスコープを記載します。詳細は「3.1.1 スコープ」を参照してください。

クライアントID、クライアントシークレットが発行されている場合は、Basic認証の仕組みを使ってクライアントID、クライアントシークレットの値を送付します。

クライアントはリソースオーナーのユーザー名とパスワードをローカルに保持しないということが重要です。クライアントはリクエストが完了したら直ちに、ユーザー名とパスワードを削除するべきです。

このようにユーザー名とパスワードのパラメータは基本仕様で規定されていますが、近年、ユーザー認証で使われることが増えてきたワンタイムパスワードやセキュリティーキーについては特に規定はありません。したがって、このような多要素/多段階認証を利用している場合、パラメータを拡張したり、パスワードとして指定する値を工夫する[19]必要があります。

■ 図5.11の2番

19. 例えばpasswordパラメータの値としてパスワードとワンタイムパスワードを連結する、といったことが考えられます。

ユーザー名、パスワードが正しい場合、トークンエンドポイントからアクセストークンが返ってきます。ユーザー名、パスワードのかわりにアクセストークンをストレージに保存します。リフレッシュトークンも返ってくる場合は、リフレッシュトークンも保存します。

レスポンスの例を次に示します。

```
HTTP/1.1 200 OK
 Content-Type: application/json;charset=UTF-8
 Cache-Control: no-store
 Pragma: no-cache

 {
   "access_token":"2YotnFZFEjr1zCsicMWpAA",
   "token_type":"Bearer",
   "expires_in":3600,
   "refresh_token":"tGzv3JOkF0XG5Qx2TlKWIA"
 }
```

5.6 リフレッシュトークンによるアクセストークン再発行

この節ではリフレッシュトークンによるアクセストークンの再発行について説明します。

アクセストークンには有効期限があります。リソースサーバーは有効期限切れのアクセストークンが付与されたリクエストが届くと401 Unauthorizedのエラーレスポンスを返します。結果、クライアントはリソースへのアクセスに失敗します。

5.6.1 シーケンス

図5.12にシーケンスを示します。

図5.12: リフレッシュトークンによるアクセストークン再発行

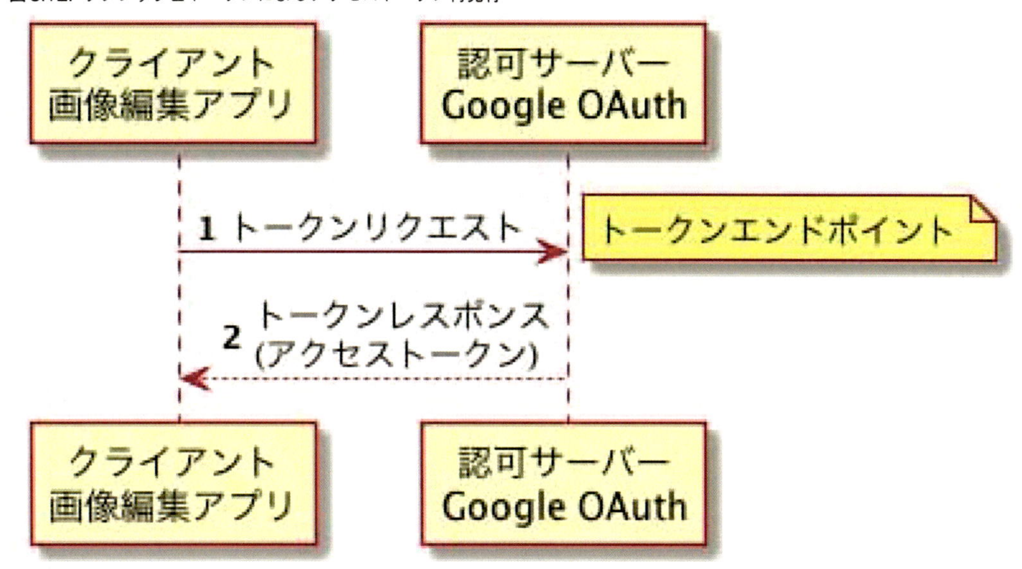

■ **図5.12の1番**

1番でクライアントはトークンエンドポイントにリフレッシュトークンと共にリクエストを送ります。リクエストのサンプルを次に示します。

```
POST /token HTTP/1.1
  Host: auth.example.com
  Authorization: Basic czZCaGRSa3F0MzpnWDFmQmF0M2JW
  Content-Type: application/x-www-form-urlencoded

  grant_type=refresh_token
  &refresh_token=tGzv3JOkF0XG5Qx2TlKWIA
```

ボディに含まれるパラメーターは次のとおりです。

grant_type

値として「refresh_token」を設定します。トークンエンドポイントはこの値をもって、リフレッシュトークンによるアクセストークン再発行を求められていることを知ります。

refresh_token

リフレッシュトークンの値を設定します。リフレッシュトークンについては「3.2 リフレッシュトークン」を参照してください。

これらのパラメーターに加えてBasic認証の仕組みを使ってクライアントID、クライアントシークレットの値を送付します。

■ **図5.12の2番**

リクエストを受け取ったトークンエンドポイントはBasic認証およびリフレッシュトークンに紐づく情報を確認した後、新しいアクセストークンを返します。

次にレスポンスのサンプルを示します。

```
HTTP/1.1 200 OK
  Content-Type: application/json;charset=UTF-8
  Cache-Control: no-store
  Pragma: no-cache

  {
    "access_token":"2YotnFZFEjr1zCsicMWpAA",
    "token_type":"bearer",
    "expires_in":3600,
    "refresh_token":"tGzv3JOkF0XG5Qx2TlKWIA",
  }
```

レスポンスに含まれるパラメーターについては「Step2. アクセストークンの取得(トークンエンドポイント)」を参照してください。

サンプルには「refresh_token」が含まれています。このように、認可サーバーによっては新しいリフレッシュトークンを発行する場合もあります。その場合、古いリフレッシュトークンは使えなくなります。

新しいリフレッシュトークンの発行は基本仕様としては必須ではありません。

5.7 認可コードグラント + PKCE

この節では現在パブリッククライアント向けのグラントタイプとして推奨されている、PKCEを使った認可コードグラントについて説明します。PKCEは「Proof Key for Code Exchange」の略で「ピクシー」と読みます。PKCEはOAuthの拡張仕様(RFC7636[20])で定義されています。

5.7.1 利用シーン

登場するロールを図5.13に示します。

20.https://tools.ietf.org/html/rfc7636

図5.13: PKCEを使った認可コードグラントに登場するロール

登場するクライアントはパブリッククライアントです。特にこのあと説明する「認可コード横取り攻撃」を受けやすいネイティブアプリで使うためのグラントタイプといえます[21]。

基本的な特徴は認可コードグラントと同じですが、それに加えて認可コード横取り攻撃に対する対応がとられていることが特徴です。

次項ではリダイレクトURIとしてカスタムスキームを利用することを前提に、ネイティブアプリによる認可コードグラントの流れを説明します。また、認可コード横取り攻撃および、PKCEによって保護される仕組みについて説明します。

5.7.2　ネイティブアプリによる認可コードグラント

図5.14にネイティブアプリによる認可コードグラントのシーケンスを示します。「5.2 認可コードグラント」では、リソースオーナーとブラウザーを分けずに記載しましたが、このシーケンスではネイティブアプリとブラウザー間のやりとりがポイントになるため、明示的に分けて記載します[22]。

21.JavaScriptで書かれたブラウザーベースアプリでもPKCEの利用が推奨されています。ただし、バックエンドがある場合はそちらでトークンを管理すべきといった論点もあります。また、コンフィデンシャルクライアントでもPKCEをMustで利用すべき、とも提言されています。詳しくは次のURLを参照して下さい。https://tools.ietf.org/html/draft-ietf-oauth-browser-based-apps-01

22. 実際には4,5,6,7番はブラウザーを介してリソースオーナーに入出力するのですが、図が煩雑になるため省略しています。

図5.14: 認可コードグラント

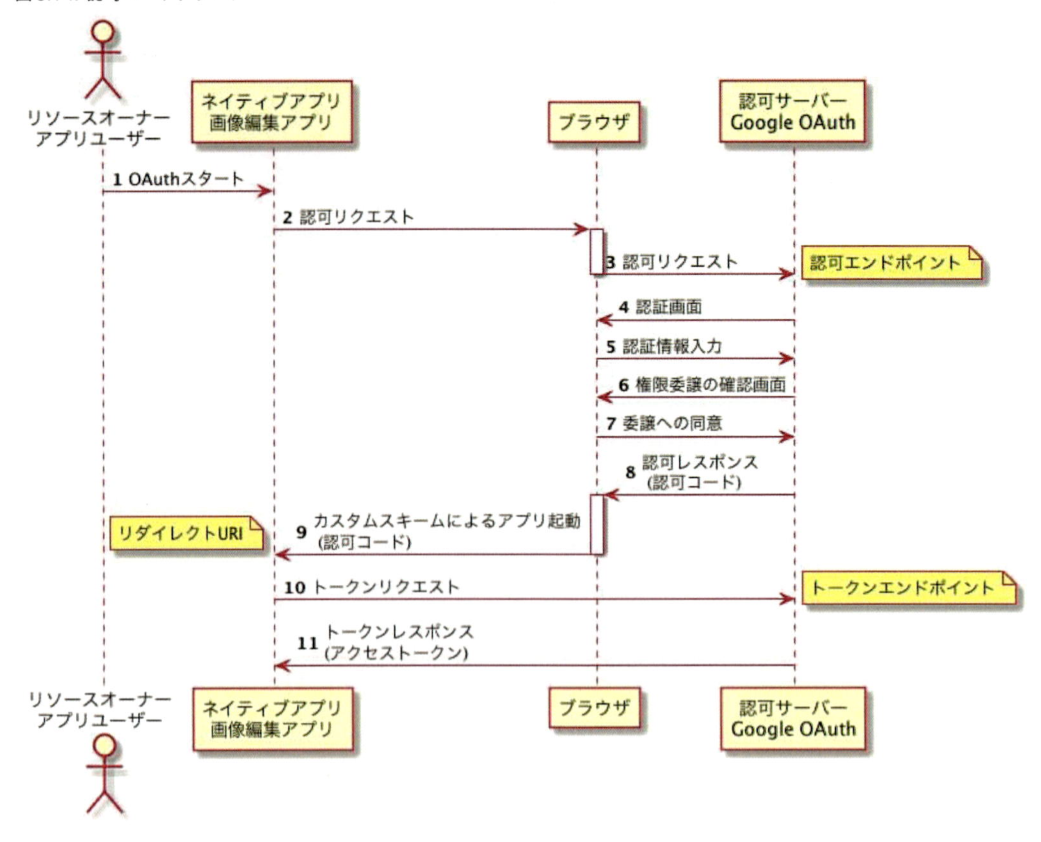

リクエストとレスポンスの内容は「5.2 認可コードグラント」とほぼ同じですので、ポイントを絞って解説します。

■ 図5.14の1番、2番、3番

1番でリソースオーナーが「Google Photoから画像を取得」ボタンを押すと、2番でネイティブアプリがブラウザーを起動し、ブラウザーを介して認可リクエストを認可サーバーに送ります。

■ 図5.14の4番から7番

ここの流れは「5.2 認可コードグラント」と同じです。ブラウザーの画面でGoogleアカウントのID、パスワードの入力および権限委譲についての同意が行われます。

■ 図5.14の8番、9番

権限委譲の同意が行われると認可サーバーは認可コードを発行し、8番でステータスコード302の認可レスポンスを返します。Locationヘッダーにはクエリパラメータが付与された形でリダイレクトURIが入っています。例を次に示します。

```
HTTP/1.1 302 Found
 Location: myapp://client.example.com/callback?code=Splxl0BeZQQYbYS6WxSbIA
           &state=xyz
```

Locationヘッダーに設定されたURIのプロトコル部分はカスタムスキーム(myapp://)になっています。また、クエリパラメーターにはstateとcodeの値が付与されています。ブラウザーはこのレスポンスを受け取ると、9番でカスタムスキームに対応する画像編集アプリを呼び出し、URIを受け渡します。

■ 図5.14の10番、11番

以降は「5.2 認可コードグラント」と同じです。認可レスポンスにクエリパラメーターとして含まれている認可コードを用いて10番でトークンリクエストを行います。

なお、「5.2 認可コードグラント」にも記載したとおり、このトークンリクエストには必ずしもクライアントシークレットを含める必要はありません[23]。その場合、クライアントIDはAuthorizationヘッダーではなくボディのパラメータとして設定します。トークンリクエストの例を次に示します。最後に「client_idが追加されています。

```
POST /token HTTP/1.1
  Host: auth.example.com
  Content-Type: application/x-www-form-urlencoded

  grant_type=authorization_code
  &code=Splxl0BeZQQYbYS6WxSbIA
  &redirect_uri=https%3A%2F%2Fclient%2Eexample%2Ecom%2Fcallback
  &client_id=s6BhdRkqt3
```

トークンレスポンスは「5.2 認可コードグラント」と同じです。例を次に示します。

```
HTTP/1.1 200 OK
  Content-Type: application/json;charset=UTF-8
  Cache-Control: no-store
  Pragma: no-cache

  {
    "access_token":"2YotnFZFEjr1zCsicMWpAA",
    "token_type":"Bearer",
    "expires_in":3600,
  }
```

access_tokenの項目に対応する値がアクセストークンです。画像編集アプリはこのアクセストークンをもちいて、Photos Library APIにアクセスできます。

5.7.3 認可コード横取り攻撃

次にネイティブアプリで認可コード横取り攻撃が行われる仕組みを説明します。ここで攻撃を行う「悪意あるアプリ」に登場してもらいます。悪意あるアプリに関して次の内容を想定します。

23. ネイティブアプリにシークレットをもたせた場合、リバースエンジニアリングなどによる漏洩する可能性があるので、シークレットなしでのリクエストも許可されています。

・リソースオーナーが所持するデバイスに画像編集アプリと悪意あるアプリがインストールされている
・悪意あるアプリは画像編集アプリと同じカスタムスキームが設定されている
・悪意あるアプリは画像編集アプリのクライアントIDを知っている[24]。

攻撃を可能にしているポイントは2番めの「同じカスタムスキーム」です。Android、iOSともにカスタムスキームの重複が許されており、しかも、OSのバージョンによって重複カスタムスキームに対する挙動が異なります。これらのことから、アプリの開発者が重複カスタムスキームによる入れ替わりを防ぐのは困難です。

したがって、入れ替わりが発生しうることを前提に「入れ替わりが発生した場合は、アクセストークンを発行させない」という方針で、攻撃に対処するのがPKCEです。

悪意あるアプリがある場合のシーケンス図を図5.15に示します。

図5.15: 認可コード横取り攻撃

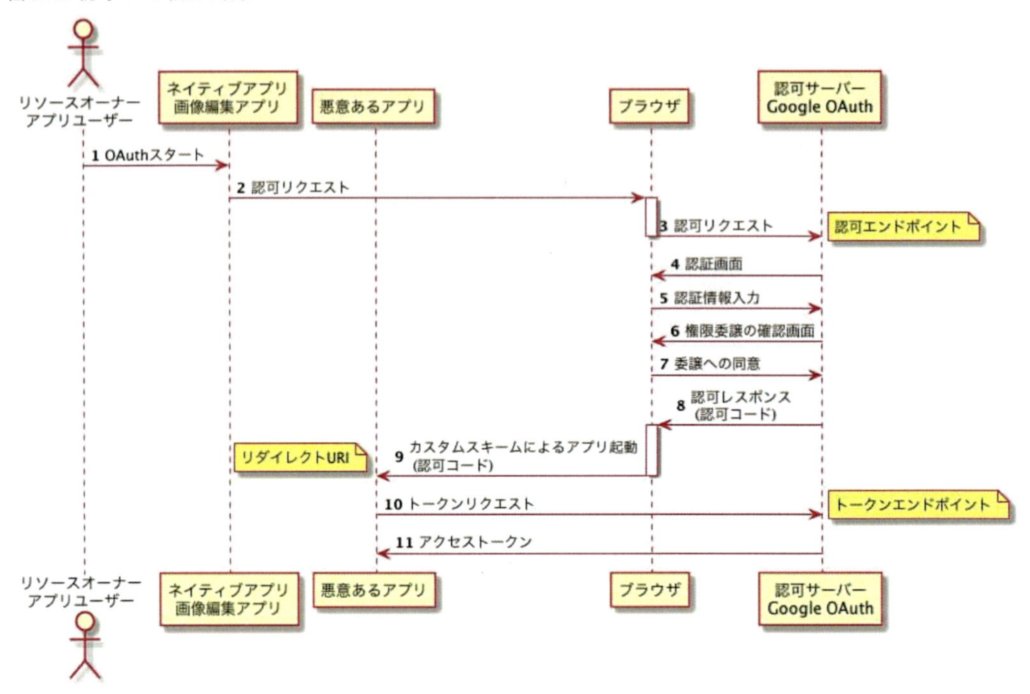

ポイントは9番です。8番の認可レスポンスをブラウザーが受け取った後、カスタムスキームを見て、対応するアプリを9番で起動します。ここで画像編集アプリと悪意あるアプリは同じカスタムスキームを利用しているため、悪意あるアプリに入れ替わられる危険性があります。図5.15では9番で悪意あるアプリが起動されています。本来であれば、画像編集アプリ(シーケンス図のネイティブアプリ)が起動されるべきところですが、OSの挙動によりあやまって悪意あるアプリが起動されてしまいました。

24. 例えば、悪意あるアプリの作者が事前に画像編集アプリをリバースエンジニアリングしてクライアントIDを知ることが想定されます。

悪意あるアプリは取得した認可コードと元々取得済みのクライアントIDを使って10番トークンリクエストを行い、11番でまんまとアクセストークンの取得に成功します。

5.7.4 PKCEによる対策

では、認可コード横取り攻撃を防ぐためのPKCEを使った認可コードグラントについて説明します。まずは、PKCEを使った場合のシーケンスについて説明し、そのあと、悪意あるアプリの攻撃を防ぐ仕組みについて説明します。

シーケンスの説明に入る前に、PKCEで導入される3つのパラメーターについて説明します。これらは認可リクエスト、トークンリクエストのパラメータとして付与されます。

■ code_verifier

長さが43文字、最大128文字までの間の[A-Z] / [a-z] / [0-9] / "-" / "." / "_" / "~" からなるランダムな文字列です。

■ code_challenge

`code_verifier`に対して次の`code_challenge_method`の計算をほどこして算出された値です。

■ code_challenge_method

`code_challenge_method`の値はplainまたはS256です。それぞれの計算方法を次に示します。

表5.1: グラント関連

値	計算方法
plain	`code_challenge = code_verifier`
S256	`code_challenge = BASE64URL-ENCODE(SHA256(ASCII(code_verifier)))`

`code_challenge_method`がplainの場合は、`code_challenge`の値は`code_verifier`と同じです。S256の場合は`code_verifier`に対してSHA256のハッシュ値を計算し、それにBase64 URLエンコードを施したものが`code_challenge`になります。

`code_challenge_method`としてこれらの二つが定義されていますが、基本的にはS256を使うべきです。`code_challenge_method`をplainにすると、仮に`code_challenge`が流出した場合、全く同じ値である`code_verifier`も流出したことになります。これでは認可コード横取り攻撃を防ぐ仕組みが働きません。

次に図5.16にPKCEを使った認可コードグラントのシーケンスを記載します。PKCEを使わない場合のシーケンス図5.14との違いは次の通りです。

- 2番、3番の認可リクエストのパラメータに`code_challenge`と`code_challenge_method`を追加
- 4番で受け取った`code_challenge`と`code_challenge_method`を認可サーバーが保存
- 11番のトークンリクエストのパラメーターにcode_verifierを追加
- 12番の認可サーバーによる`code_verifier`の検証

図5.16: PKCEを使った認可コードグラント

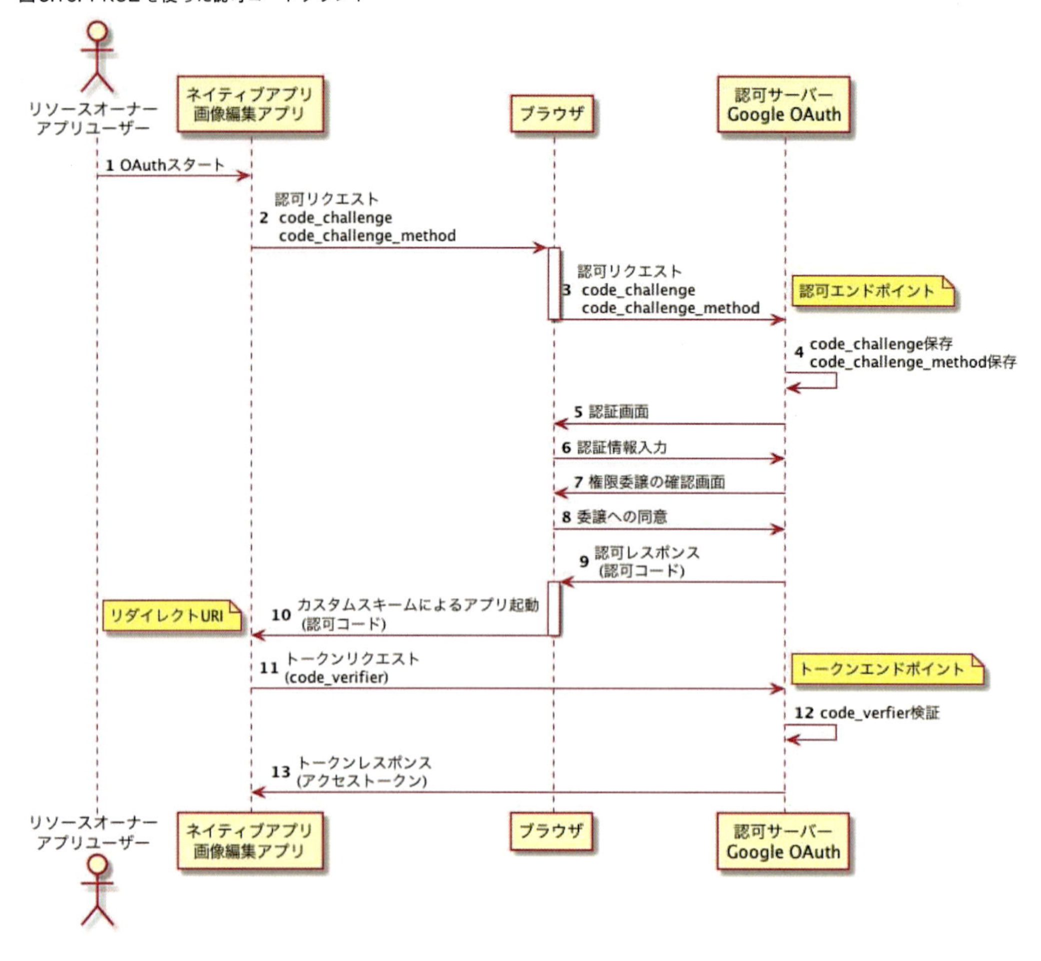

次項では図5.16を見ながら、特に、これらの違いについての重点的に説明します。

■ 図5.16の1番

1番から認可コードグラントが゛スタートします。画像編集アプリの例ではアプリのユーザーが「Google Photoから画像を取得」ボタンを押すことに対応します。

■ 図5.16の2番、3番、4番

2番でアプリがブラウザを起動します。3番の認可リクエストのパラメーターとしてcode_challengeとcode_challenge_methodが追加されました。結果、認可リクエストは次のような形になります。

```
GET /authorize
      ?response_type=code
      &client_id=s6BhdRkqt3
      &state=xyz
      &scope=read
      &redirect_uri=https%3A%2F%2Fclient%2Eexample%2Ecom%2Fcallback
      &code_challenge=E9Melhoa2OwvFrEMTJguCHaoeK1t8URWbuGJSstw-cM
```

```
    &code_challenge_method=S256

HTTP/1.1
Host: auth.example.com
```

受け取ったcode_challengeとcode_challenge_methodを認可サーバーが保存します。これらはトークンリクエストの検証に利用されます。

■ 図5.14の5番から8番

ここの流れはPKCEがない場合の認可コードグラントと同じです。ブラウザーの画面でGoogleアカウントのID、パスワードの入力および権限委譲についての同意が行われます。

■ 図5.14の9番、10番

ここの流れもPKCEがない場合の認可コードグラントと同じです。権限委譲の同意が行われると認可サーバーは認可コードを発行し、9番でステータスコード302の認可レスポンスを返します。Locationヘッダーにはクエリパラメータが付与された形でリダイレクトURIが入っています。例を次に示します。

```
HTTP/1.1 302 Found
 Location: myapp://client.example.com/callback?code=SplxlOBeZQQYbYS6WxSbIA
           &state=xyz
```

Locationヘッダーに設定されたURIのプロトコル部分はカスタムスキーム(myapp://)になっています。また、クエリパラメーターにはstateとcodeの値が付与されています。ブラウザーはこのレスポンスを受け取ると、10番で対応する画像編集アプリを呼び出し、URIを受け渡します。

■ 図5.16の11番、12番、13番

11番のトークンエンドポイントからの流れはPKCEのポイントです。11番のトークンリクエストのパラメーターにcode_verifierが追加されています。結果、トークンリクエストは次の形になります。最後に「code_verifierが追加されています。

```
POST /token HTTP/1.1
  Host: auth.example.com
  Content-Type: application/x-www-form-urlencoded

  grant_type=authorization_code
  &code=SplxlOBeZQQYbYS6WxSbIA
  &redirect_uri=https%3A%2F%2Fclient%2Eexample%2Ecom%2Fcallback
  &client_id=s6BhdRkqt3
  &code_verifier=dBjftJeZ4CVP-mB92K27uhbUJU1p1r_wW1gFWFOEjXk
```

12番で認可サーバーにより、code_verifierの検証が行われれます。認可サーバーは4番で保存したcode_challenge_methodを確認し、code_verifierからcode_challengeを算出します。算出したcode_challengeが4番で保存されたcode_challengeと同じであることを確認します。

これによって、3番の認可リクエストを送ったクライアントと11番のトークンリクエストを送ったクライアントが同一であることを検証します。

検証に成功した場合は13番でアクセストークンを返します。

これが、PKCEをつかった認可コードグラントのシーケンスです。

では、次にPKCEで認可コード横取り攻撃を防ぐ仕組みを解説します。図5.17に悪意あるアプリがいる場合のシーケンスを示しました。

1番から9番までは先ほどと同じながれで進みます。10番で悪意あるアプリが起動されてしましました。

ポイントは11番です。ここで、トークンリクエストにcode_verifierをパラメータとして含める必要がありますが、悪意あるアプリは正しいcode_verifierを知らないので、code_verifierを送らないか、間違ったcode_verifierを送ることになります。

12番で認可サーバーがcode_verifierを検証することで、11番のリクエストが不正であることがわかり、結果、13番でエラーを返し、悪意あるアプリはアクセストークンの取得に失敗します。

なお、code_challenge_methodとしてplainを指定した場合、ブラウザーでの処理や、通信を覗き見られることで3番で送信するcode_challengeが悪意あるアプリに流出したとします。そうすると、悪意あるアプリは11番で正しいcode_verifier(plainの場合はcode_challengeと同じ値です。)を送信することができるので、12番の検証をすり抜けてアクセストークンの取得に成功していしまいます。

このことから、よほどの理由がない限り、code_challenge_methodはS256を使うべきです。

これがPKCEで認可コード横取り攻撃を防ぐための仕組みです。

図5.17: PKCE で認可コード横取り攻撃を防ぐ

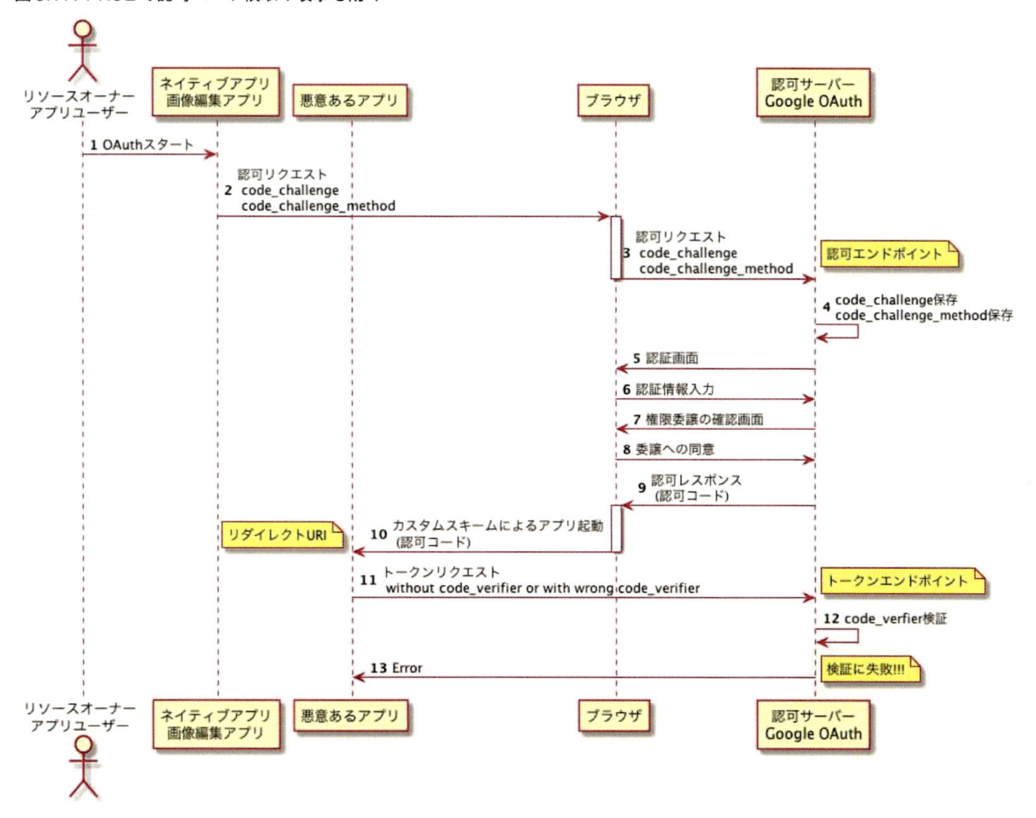

第6章　チュートリアル

この章ではクライアントがアクセストークンを取得する流れを、手を動かしながら学びます。これまでの画像編集アプリの例と同じ、Googleの認可サーバーからアクセストークンを取得し、GoogleのPhotos Library APIにアクセスします。

ここでは、次の3つのパターンでアクセストークンを取得します。

・認可コードグラント
・認可コードグラント + PKCE
・インプリシットグラント

また、このチュートリアルでは、クライアントあたるアプリは作成しません。代わりに、クライアントが出すリクエストをcurlコマンドとブラウザーを利用して認可サーバーに送ることで、OAuthのリクエストとレスポンスを体験します。

curlコマンドはMacOS、Windows10[1]ともにデフォルトで利用できるので、この章を読み進めるために環境構築は必要ありません。

著者が確認のために利用した環境を次に記載しますが、バージョン特有の特別な機能は使っていないので、他のバージョンでも問題ないはずです。

表6.1: curlとブラウザーの検証バージョン

ツール	バージョン
curl	7.64.1
ブラウザー	Google Chrome バージョン: 112.0.5615.121（Official Build）（x86_64）

6.1　クライアントの登録

まずは画像編集アプリをGoogleに登録し、クライアントIDとクライアントシークレットの発行を受けます。また、この画像編集アプリはGoogleの審査を受けていないので、アクセスできるのは事前に登録したテストユーザーのみになります。このテストユーザーの登録も行います。

登録の流れは次のとおりです。

1. Google Cloudの利用規約の同意
2. プロジェクトの作成
3. Photos Library APIの有効化
4. 認証画面の作成
5. OAuthクライアントIDの作成

1.Windows 10 Ver.1803（RS4）のプレビュー版、Build 17063から標準コマンドとしてcurlコマンドが使えるようになっています。

6．テストユーザーの追加

これらの登録はGoogle Cloudの管理画面であるGoogle Cloudコンソール(以下、コンソール)にて行います。

1. Google Cloudの利用規約の同意

コンソール(https://console.cloud.google.com/)にブラウザーでアクセスして下さい。コンソールに初めてアクセスすると図6.1のGoogle Cloudの利用規約同意画面が表示されます。国を選択し、利用規約にチェックを入れ、右下にある「同意して続行」を押して下さい。

なお、Google Cloudは、Googleがクラウド上で提供するサービス群の総称です。このチュートリアルでリソースサーバーとして利用するPhotos Library APIはGoogle Cloudに含まれています。

図6.1: Google Cloudコンソール初回アクセス

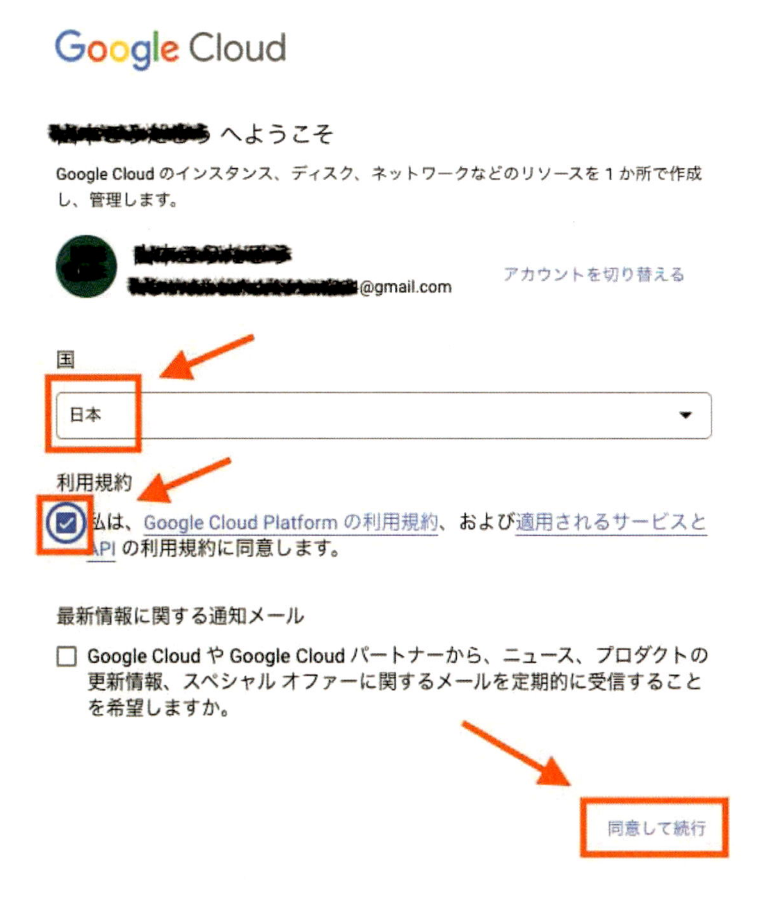

2. プロジェクトの作成

利用規約に同意すると図6.2に示すコンソールのトップ画面が表示されますので「プロジェクトの選択」を押してください。

図6.2: コンソールのトップ画面

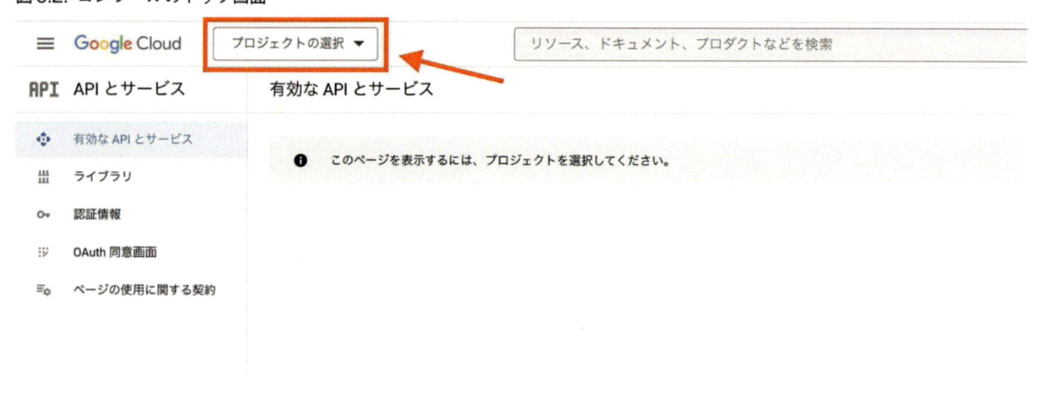

図6.3の「プロジェクトの選択」画面が表示されます。右上の「新しいプロジェクト」を押して下さい。

図6.3: プロジェクト選択画面

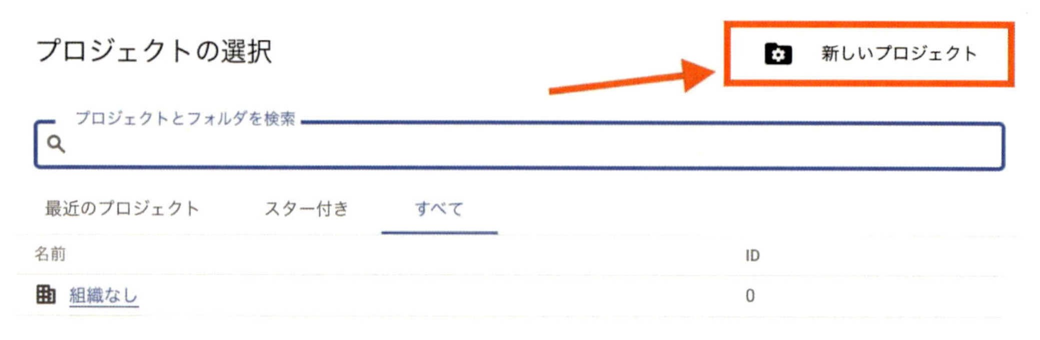

次に図6.4の「新しいプロジェクト」画面が表示されますので、「プロジェクト名」に「FunikiProject」と入力します。プロジェクト名を入力したら「作成」ボタンを押します。

図6.4: 新しいプロジェクト

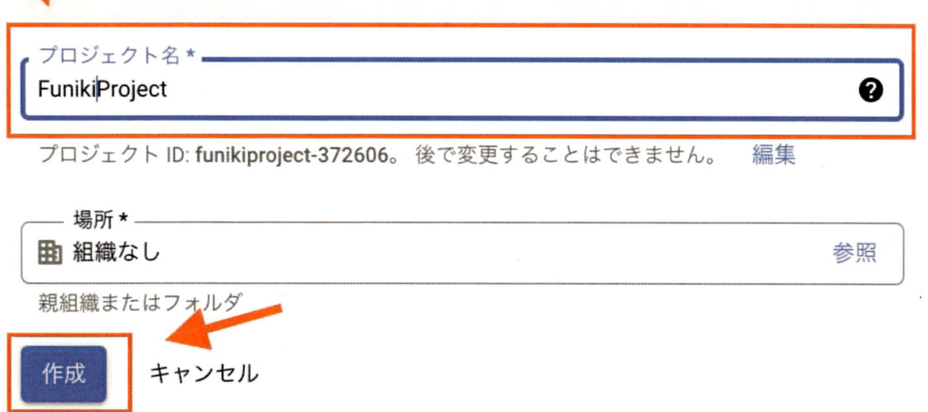

3. Photos Library APIの有効化

図6.5のダッシュボードのトップ画面（https://console.cloud.google.com/home/dashboard）が表示されるので右上の通知の「プロジェクト「FunikiProject」を作成」の下にある「プロジェクトを選択」をクリックしてください

図6.5: Google Cloud トップ画面

図6.6にしめすように、右上の検索窓に「Photos Library API」と入力すると、候補にPhoto Library APIがでてくるので、クリックしてください。

図6.6: Photos Library APIを検索

図6.7の「Photos Library API」の画面が表示されますので、「有効にする」を選択して下さい。

図6.7: Photos Library API

4. OAuth同意画面の作成

Photos Library APIを有効にすると、図6.8のPhotos Library APIの設定画面が表示されます。右上の「認証情報作成」ボタンを押してください。

図6.8: Photos Library APIの設定画面

図6.9の画面が表示されますので、Photos Library APIが選択されていることを確認して、ユーザーデータにチェックを入れて、「次へ」を押します。

図6.9: 使用する API

図6.10の「アプリ名」に「image-edit」と入力します。ユーザーサポートメールからメールアドレスを選択します。デベロッパーの連絡先情報には自分のメールアドレスを入力してください。(ユーザーサポートメールと同じでもよいです)入力したら、「保存して次へ」を押してください。

図6.10: OAuth同意画面

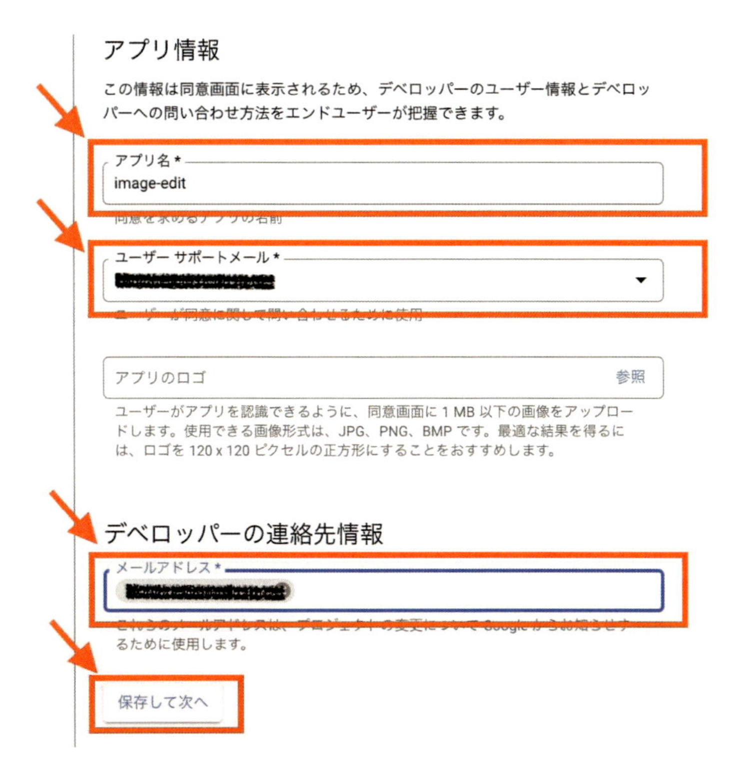

図6.11の画面が表示されるので「スコープを追加または削除」を押してください。

図6.11: スコープ

図6.12が表示されるので、フィルタに「photo」と入力してください。候補がいくつか表示されるので、その中から読み込み権限を表す「https://www.googleapis.com/auth/photolibrary.readonly」をクリックしてください。

図6.12: 選択したスコープの更新

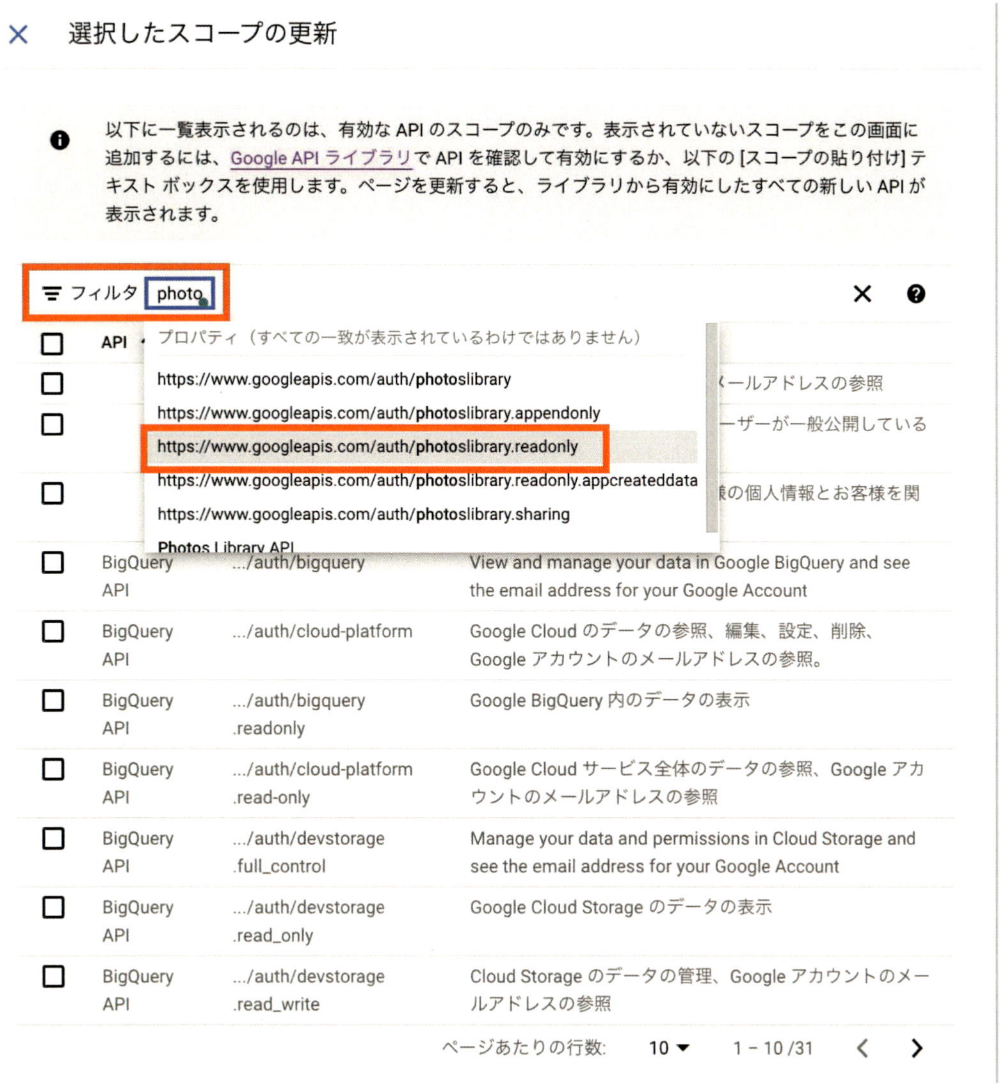

× 選択したスコープの更新

以下に一覧表示されるのは、有効な API のスコープのみです。表示されていないスコープをこの画面に追加するには、Google API ライブラリで API を確認して有効にするか、以下の [スコープの貼り付け] テキスト ボックスを使用します。ページを更新すると、ライブラリから有効にしたすべての新しい API が表示されます。

フィルタ photo

プロパティ（すべての一致が表示されているわけではありません）

https://www.googleapis.com/auth/**photos**library
https://www.googleapis.com/auth/**photos**library.appendonly
https://www.googleapis.com/auth/**photos**library.readonly
https://www.googleapis.com/auth/**photos**library.readonly.appcreateddata
https://www.googleapis.com/auth/**photos**library.sharing
Photos Library API

	API		
☐			ールアドレスの参照
☐			ーザーが一般公開している
☐			様の個人情報とお客様を関
☐	BigQuery API	.../auth/bigquery	View and manage your data in Google BigQuery and see the email address for your Google Account
☐	BigQuery API	.../auth/cloud-platform	Google Cloud のデータの参照、編集、設定、削除、Google アカウントのメールアドレスの参照。
☐	BigQuery API	.../auth/bigquery .readonly	Google BigQuery 内のデータの表示
☐	BigQuery API	.../auth/cloud-platform .read-only	Google Cloud サービス全体のデータの参照、Google アカウントのメールアドレスの参照
☐	BigQuery API	.../auth/devstorage .full_control	Manage your data and permissions in Cloud Storage and see the email address for your Google Account
☐	BigQuery API	.../auth/devstorage .read_only	Google Cloud Storage のデータの表示
☐	BigQuery API	.../auth/devstorage .read_write	Cloud Storage のデータの管理、Google アカウントのメールアドレスの参照

ページあたりの行数: 10 ▼ 1 – 10 / 31 < >

図6.13の画面が表示されるのでPhotos Library APIにチェックを入れて「更新」を押します。

図6.13: 選択したスコープの更新2

図6.11のスコープの画面に戻るので図6.14の「保存して次へ」を押します。

図6.14: 保存して次へ

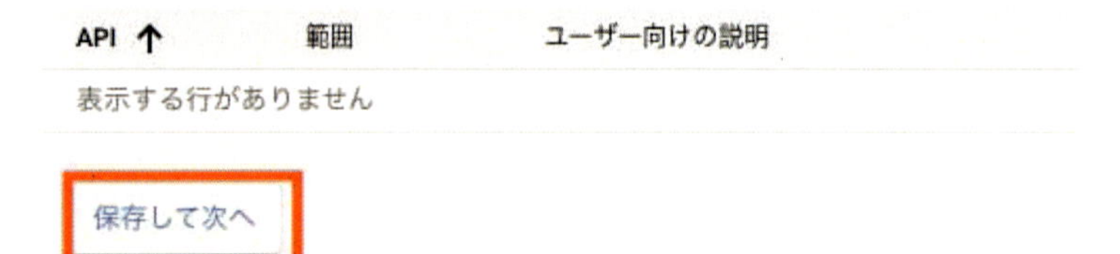

5. OAuthクライアントIDの作成

図6.15の「OAuthクライアントIDの作成」画面が表示されるので、次のパラメーターを入力して下さい。

表6.2: OAuth クライアント入力パラメータ

項目	値
アプリケーションの種類	ウェブアプリケーション
名前	ウェブクライアント1
承認済みのリダイレクトURI	http://127.0.0.1/callback

図6.15: OAuth クライアントIDの作成画面

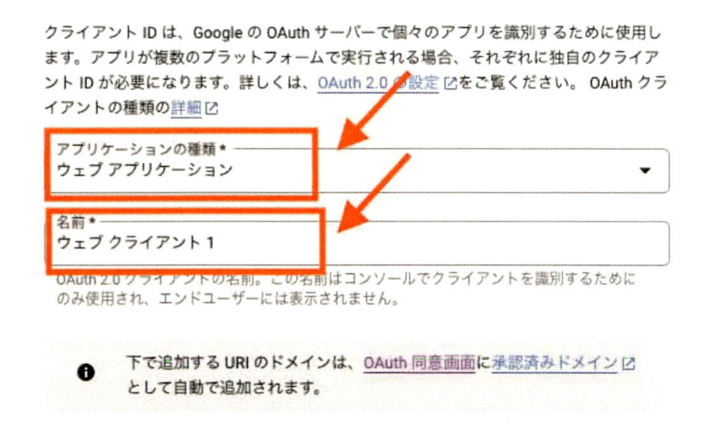

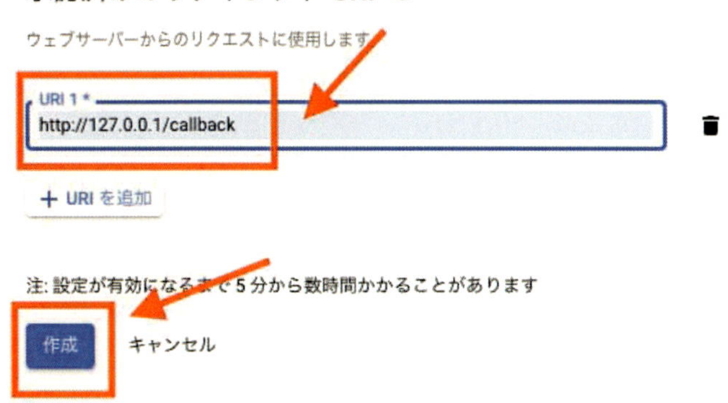

リダイレクトURIのホスト(IPアドレス)が127.0.0.1となっているので、「ローカルでサービスが稼働してないのにいいのかな」と疑問に思った方がいるかもしれません。疑問を抱かれたとおり、リ

ダイレクトするとブラウザーには「そのようなページはありません」といったエラーが表示されますが、ブラウザーのアドレスバーには必要な情報が入っているので、チュートリアルを進める上では問題ありません。今回はその情報を手でコピペしてcurlコマンドを使って、次のリクエストを作成します。後で実際に手を動かせばわかると思うので、今は気にせず読みすすめてください。

「作成」ボタンを押すと、図6.16の画面が表示されるので「ダウンロード」を押して認証情報をダウンロードします。ダウンロードしたら「完了」を押します。

図6.16: 認証情報

5 認証情報

認証情報をダウンロード

Download this credential information in JSON format. 認証情報は [認証情報] ページでいつでも取得できます。

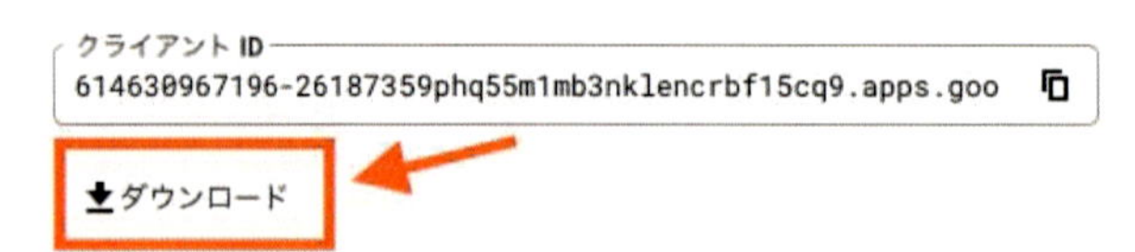

Your OAuth consent screen has been configured and your app has a publishing status of "Testing". This means it can be used by a limited set of test users, which you can set up on the OAuth consent screen page.

If you want to make your app generally available to all users, you will need to set the publishing status to "In production". You will also need to submit your app for verification, which can take up to 4-6 weeks (depending on which OAuth scopes your app uses).

キャンセル

ダウンロードしたファイルには以下のような情報が含まれています。ここの client_id と client_secret は後ほどアクセストークンを取得するのに使います。

```
{
  "web": {
    "client_id": "62293....3klo0.apps.googleusercontent.com",
    "project_id": "funikiproject-246807",
    "auth_uri": "https://accounts.google.com/o/oauth2/auth",
    "token_uri": "https://oauth2.googleapis.com/token",
    "auth_provider_x509_cert_url": "https://www.googleapis.com/oauth2/v1/certs",
    "client_secret": "kt84gDh5kouwL3x-KBJf1Lr9",
    "redirect_uris": [
      "http://127.0.0.1/callback"
    ],
    "javascript_origins": [
      "http://127.0.0.1"
```

```
      ]
    }
  }
```

図6.17の左ペインの「認証情報」をおして、登録した「ウェブクライアント1」ができていることを確認してください。

図6.17: 認証情報トップ

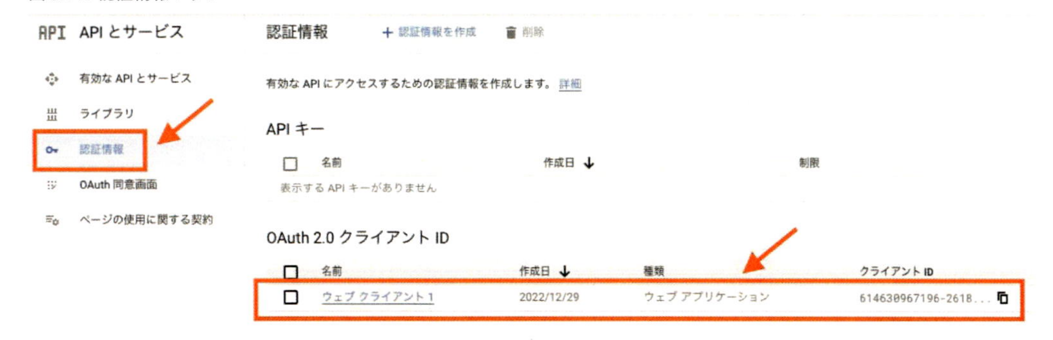

これで画像編集アプリの登録とクライアントID、クライアントシークレットの発行が完了しました。

6. テストユーザーの追加

今、登録したimage-editアプリは審査を通さないまま、チュートリアルで利用します。このような未審査のアプリにアクセスするユーザーは、事前にテストユーザーとして登録する必要があります。

図6.18左ペインのOAuth同意画面を選択し、ユーザーの種類を「外部」にして、テストユーザーの「+ ADD USERS」を押してください。

図6.18: テストユーザーの追加

図6.19の画面が開くので、ご自身のGoogleアカウント(gmail)を入力し、保存を押します。

図6.19: ユーザーの追加

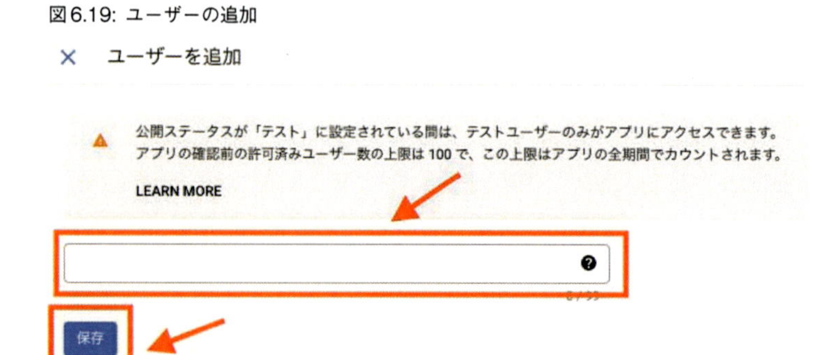

後ほど、チュートリアルでGoogleアカウントの認証する際はこのGoogleアカウントを使ってくだ

さい。それ以外のアカウントでは審査を通っていないimage-editアプリのユーザーとしてGoogleのリソースにアクセスできません。

以上で準備は完了です。次の節からは実際にアクセストークンを取得していきます。

6.2 認可コードグラント

ここでは先ほど作成した画像編集アプリ(image-edit)として認可サーバーにリクエストを投げることで、認可コードグラントの流れを再現します。実際に自分で認可リクエストやトークンリクエストを作成し、それらのレスポンスを見ることで理解を深めることが狙いです。

認可コードグラントのシーケンス図を再掲します。

図6.20: 認可コードグラント

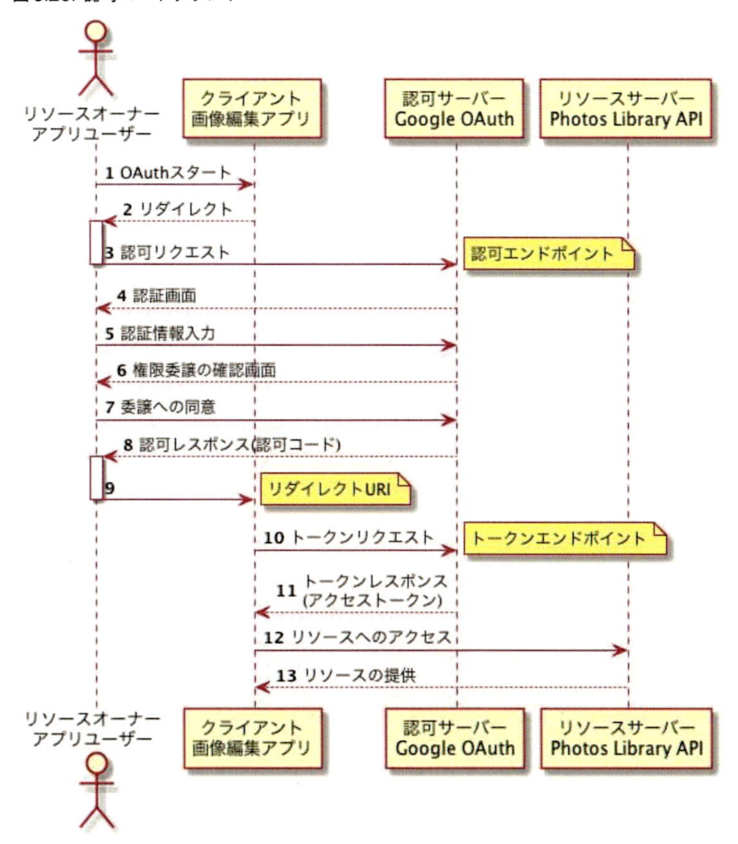

ここでも次の3ステップにわけて解説します。

- Step1. 認可コードの取得(認可エンドポイント)
- Step2. アクセストークンの取得(トークンエンドポイント)
- Step3. リソースへのアクセス

6.2.1 Step1. 認可コードの取得(認可エンドポイント)

図6.21: 認可コードグラント

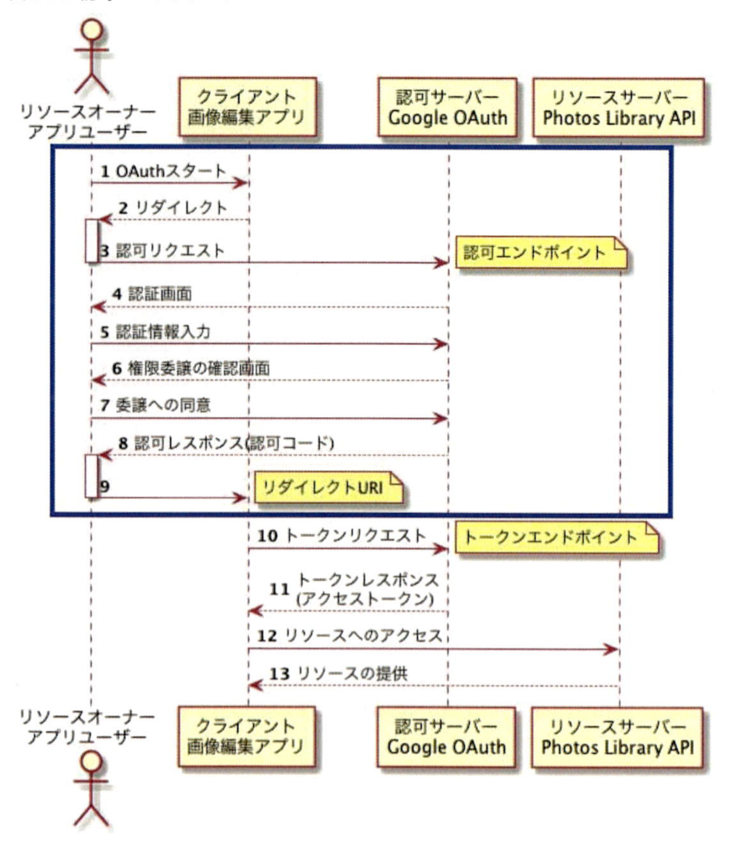

枠で囲った部分が認可コードの取得部分です。

■ 図6.21の1-3番

1番でアプリのユーザーが「Google Photoから画像を取得」ボタンを押すと、2番でリダイレクトされて3番で認可エンドポイントに認可リクエストを行います。

ここで、この認可リクエストを実際に作成してみましょう。認可エンドポイントのURIは以下になります。

リスト6.1: 認可エンドポイント

```
https://accounts.google.com/o/oauth2/v2/auth」
```

しがたって、Google OAuthサービスに向けた認可リクエストを「5.2 認可コードグラント」に記載した形式で表現すると次の内容になります。見やすさのためここではパラメータのURLエンコードなしで記載します。

```
GET /o/oauth2/v2/auth
    ?response_type=code
    &client_id=62293....3klo0.apps.googleusercontent.com
    &state=xyz
    &scope=https://www.googleapis.com/auth/photoslibrary.readonly
    &redirect_uri=http://127.0.0.1/callback

HTTP/1.1
Host: accounts.google.com
```

次に、クエリパラメータの項目と設定値についての説明します。

response_type

レスポンスとして認可コードを要求するため「code」を設定します。

client_id

コンソールでのアプリ登録時に発行されたクライアントIDを設定します。

state

ランダムな値を設定します。ここではxyzとします。

scope

「https://www.googleapis.com/auth/photoslibrary.readonly」を設定します[2]。これは「Photos Library API」の読み取り権限を表します。コンソールでのアプリ登録手順の「OAuth同意画面」の設定で指定したスコープと同じものです。

redirect_uri

アプリ登録時に設定した値「http://127.0.0.1/callback」を設定します。

では、実際にこのリクエストをなげてみましょう。ここではツールとしてブラウザーを利用します。ブラウザーのアドレスバーにURIを入力してリターンをおすと、GETメソッドでリクエストを送ることができます。

これらの認可リクエストを送信するために、アドレスバーに次のURI[3]を入力してリターンをおしてください。なお、ChromeはクエリパラメータをURLエンコードしてから送ってくれるので自分でURLエンコードする必要はありません。

```
https://accounts.google.com/o/oauth2/v2/auth
?response_type=code
&client_id=62293....3klo0.apps.googleusercontent.com
&state=xyz
&scope=https://www.googleapis.com/auth/photoslibrary.readonly
&redirect_uri=http://127.0.0.1/callback
```

■ 図6.21の4-7番

2.scope一覧 https://developers.google.com/photos/library/guides/authentication-authorization
3.改行は見やすさのために入れています。

ここからはリソースオーナー役になってGoogleアカウントの認証と画像編集アプリ(image-edit)への権限委譲の許可を行います。

認可リクエストを送信するとGoogleアカウントのログイン画面(図6.22)が表示されます。アプリ登録の手続き時にテストユーザーとして登録したGoogleアカウントのメールアドレスを入力して下さい。次にパスワード入力画面(図6.23)が表示されますのでパスワードを入力してください。

図6.22: Googleログイン画面 メールアドレスの入力

Google にログイン

ログイン

「image-edit」に移動

メールアドレスまたは電話番号

メールアドレスを忘れた場合

アカウントを作成

次へ

図6.23: Googleログイン画面 パスワードの入力

Google にログイン

ようこそ

パスワードを入力

パスワードをお忘れの場合

次へ

このやりとりは、シーケンス図(図6.21)の4番、5番に対応します。

このあと図6.24の警告画面が表示されます。先ほど作成した画像編集アプリ(image-app)はGoogleによる確認(審査)が行われていないため、このような警告がでます。「続行」を押して下さい。

図6.24: Googleによる警告画面 その1

図6.25の画面が表示されます。ここで「続行」を押すと、画像編集アプリを信頼したことになります。なお、この画面で「詳細」をクリックすると図6.26のように画像編集アプリがGoogle Photoに対して可能となる操作の詳細が表示されます。

図6.25: Googleによる警告画面 その2

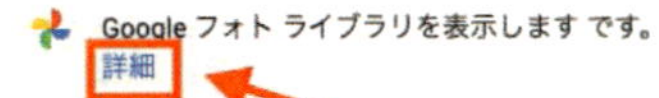

図6.26: 可能となるGoogle Photoの操作

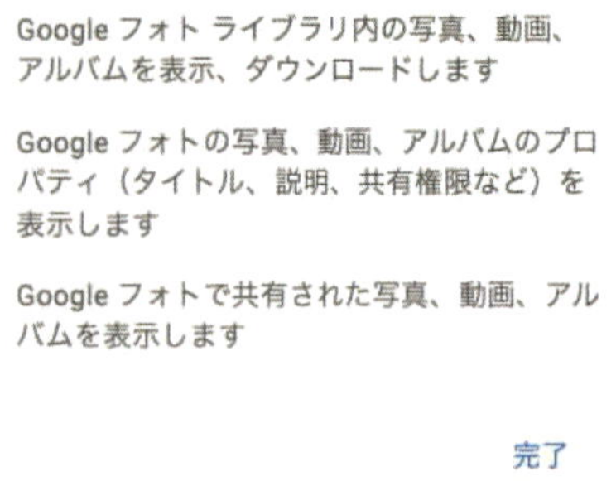

Google フォト ライブラリ内の写真、動画、アルバムを表示、ダウンロードします

Google フォトの写真、動画、アルバムのプロパティ（タイトル、説明、共有権限など）を表示します

Google フォトで共有された写真、動画、アルバムを表示します

完了

■ 図6.21の8,9番

図6.25で続行ボタンを押すと認可サーバーからは8番の認可レスポンスが返ってきます。認可レスポンスはステータスコード302でリダイレクトします。リダイレクト先のURIは画像編集アプリとして登録したリダイレクトURIにクエリパラメータとしてstate、code、scopeが付与された次のURIになります。このURIがブラウザーのアドレスバーに入っています。

```
http://127.0.0.1/callback
?state=xyz
&code=4%2FZQHK-DEk0Jfp4drQ-3iZ4fwFYf48vyaOf.....
&scope=https://www.googleapis.com/auth/photoslibrary.readonly
```

結果として図6.27のエラー画面が表示されますが、問題ありません。先に記載したようにリダイレクトURIのホストとして、何もサービスが可動していない127.0.0.1を指定したのでこの画面が出ています。通常は画像編集アプリのサービスが可動しているURIを指定するので、画像編集アプリの画面が表示されます。

図6.27: 認可レスポンスの結果

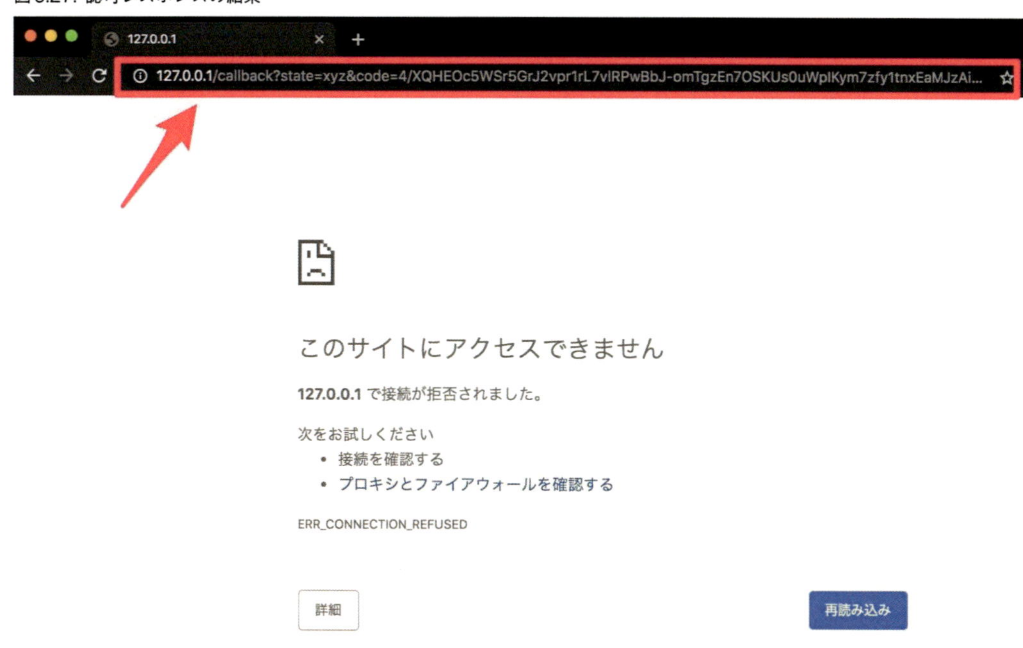

ブラウザーのアドレスバーに表示されたこれらのURIのクエリパラメーターを見てみましょう。stateには3番の認可リクエストで指定したxyzが入っています。通常のWebサービスではCSRFを防ぐために、stateは1番のセッションと紐づけて管理し、9番のセッションとstateが一致することを確認する必要があります[4]。scopeには3番で指定した「https://www.googleapis.com/auth/photoslibrary.readonly」が入っています。codeの値として入っているものが認可コードです。認可コードは次のトークンリクエストのために必要になります。

6.2.2 Step2. アクセストークンの取得(トークンエンドポイント)

次にアクセストークンの取得部分です。図6.28の枠で囲われた部分がアクセストークン取得部分です。10番のトークンリクエストと11番のトークンレスポンスからなります。

4. 本書の続編である「OAuth・OIDCへの攻撃と対策を整理して理解できる本（リダイレクトへの攻撃編」にて図解付きで解説しています。

図6.28: Step2. アクセストークンの取得

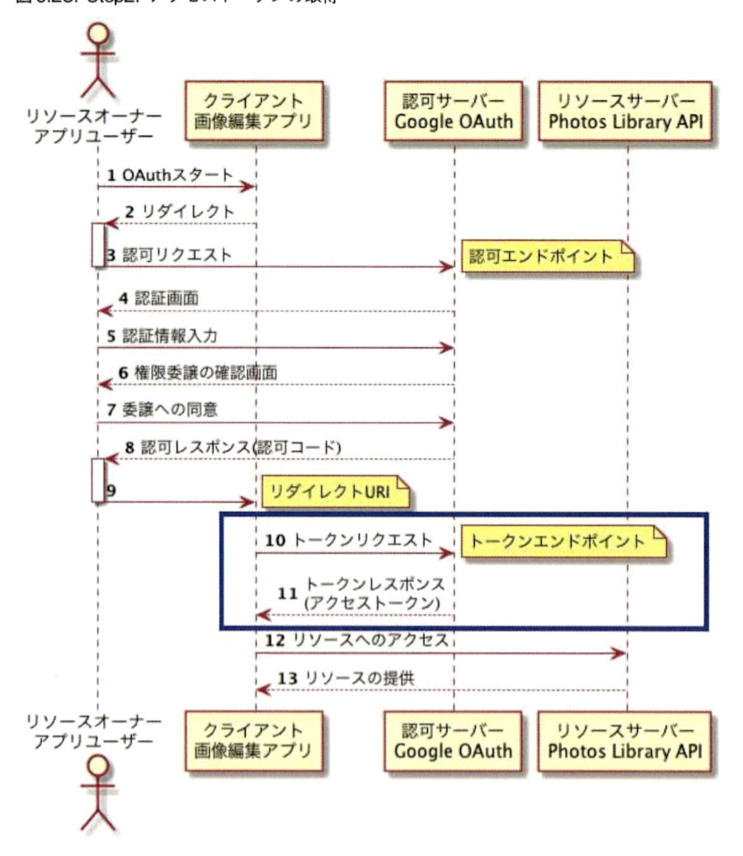

■ 図6.28の10番

10番でクライアントからトークンエンドポイントに対してトークンリクエストを送ります。

GoogleのOAuthサービスに向けたトークンリクエストを実際に作成してみましょう。トークンエンドポイントは「https://www.googleapis.com/oauth2/v4/token」になります。 Google OAuthサービスに向けたトークンリクエストを「5.2 認可コードグラント」に記載した形式で表現すると次の内容になります。見やすさのためここではパラメータのURLエンコードなしで記載します。

```
POST /token HTTP/1.1
  Host: www.googleapis.com
  Content-Type: application/x-www-form-urlencoded

  client_id=62293....3klo0.apps.googleusercontent.com
  &client_secret=kt84kgDh5f5IL3x-KBJf1Lr8
  &grant_type=authorization_code
  &code=4%2FZQHK-DEk0Jfp4drQ-3iZ4fwFYf48vyaOf.....
  &redirect_uri=http://127.0.0.1/callback
client_id
```

コンソールで発行されたクライアントIDを設定します。3番の認可リクエストと同じである必要があります。

client_secret

コンソールで発行されたクライアントシークレットの値を設定します。

grant_type

認可コードグラントを表す文字列「authorization_code」を設定します。

code

9番で取得した認可コードの値を設定します。

redirect_uri

コンソールに設定した値。かつ3番で指定した値である「http://127.0.0.1/callback」を設定します。

これらのリクエストに対応するcurlコマンドが次の内容です。これが10番のトークンリクエストになります。client_id、client_secret、codeの値はダミーなので、自分で取得したものに置き換えて下さい。

```
curl \
-d "client_id=62293....3klo0.apps.googleusercontent.com" \
-d "client_secret=kt84gDh5kouwL3x-KBJf1Lr9"          \
-d "redirect_uri=http://127.0.0.1/callback"          \
-d "grant_type=authorization_code"                   \
-d "code=4%2FZQHK-DEk0Jfp4drQ-3iZ4fwFYf48vyaOf....."    \
https://www.googleapis.com/oauth2/v4/token
```

このコマンドをターミナルから入力して下さい[5]。

■ 図6.28の11番

トークンリクエストに成功すると11番のトークンレスポンスが次のような形で返ってきます。

```
{
  "access_token": "ya29.GlscB0j4x.....DsR9iOiU-BfZjTXWUJ7olv",
  "expires_in": 3600,
  "scope": "https://www.googleapis.com/auth/photoslibrary.readonly",
  "token_type": "Bearer"
}
```

ここでaccess_tokenの値がアクセストークンです。次はこのアクセストークンを使ってリソースにアクセスしてみます。

5.Macの場合はspotlightから「terminal.app」で検索して起動できます。Windosの場合はWindowsボタン＋Rで「ファイル名を指定して実行」ダイアログを開いて、cmdと入力してリターンを押すと起動します。

6.2.3 Step3. リソースへのアクセス

リソースへのアクセス部分は図6.29の枠で囲われた部分です。今回はPhotos Library APIがリソースサーバーにあたります。

図6.29: Step3. リソースへのアクセス

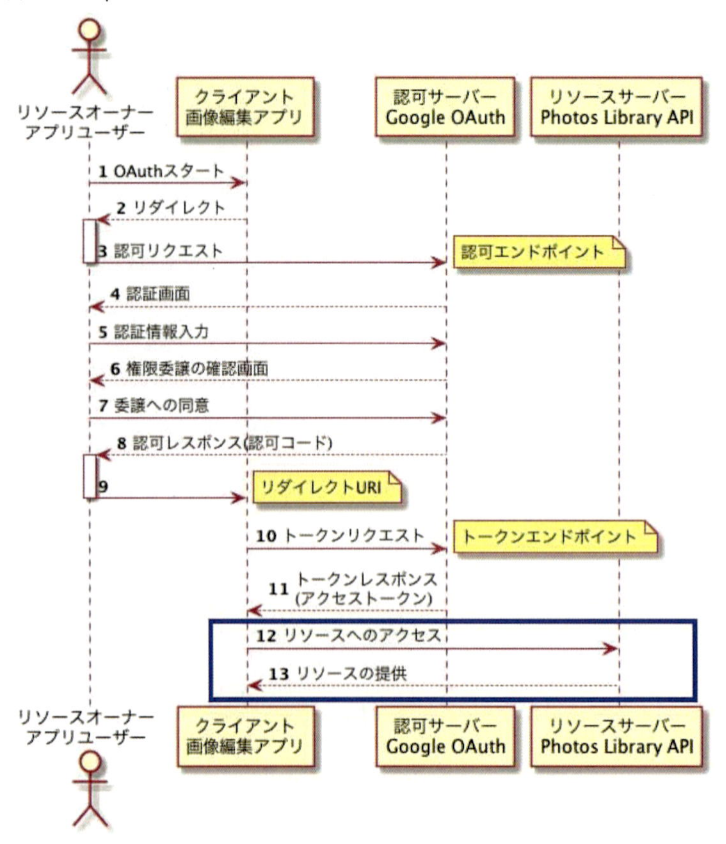

取得したアクセストークンを使ってPhotos Library APIにアクセスしてみましょう。例としてアルバムのリストを取得するリクエストを送ってみます[6]。

curlでは次のコマンドになります。アクセストークンはAuthorizationヘッダーにBearerという文字列とともに設定します。これが図6.29の12番に対応します。

```
curl \
-H 'Authorization: Bearer ya29.GlscB0j4x.....DsR9iOiU-BfZjTXWUJ7olv' \
https://photoslibrary.googleapis.com/v1/albums
```

リクエストに成功すると13番のレスポンスとして次のアルバム情報が取得できます。

6.https://developers.google.com/photos/library/guides/list

```
{
  "albums": [
    {
      "id": "AHnOGIeA5sJgL_3dloMPCP......sYQTXS1gqY",
      "title": "旅行",
      "productUrl": "https://photos.google.com/lr/album/AHL_3...PLRpcxYp5JMB",
      "mediaItemsCount": "1",
      "coverPhotoBaseUrl": "https://lh3.googleusercontent.com/lr/AG..A0-Tl3A",
      "coverPhotoMediaItemId": "AHnOGIfit4SAg7CX.......dLLsFnbpA"
    },
    {
      "id": "AHnOGIfoQBW6qUm.....6MP9p2o1pL7mcDDIz0n_Rl",
      "title": "技術書典",
      "productUrl": "https://photos.google.com/lr/album/AHn....p2o1Dz0n_Rl",
      "mediaItemsCount": "1",
      "coverPhotoBaseUrl": "https://lh3.googleusercontent.com/lr/AGW...GVbKA",
      "coverPhotoMediaItemId": "AHnOGIfWla5DJkcOCBk8gNsKJOfzSLZC3...qLQ5VLbg"
    }
  ]
}
```

これで認可コードグラントの流れは終了です。

6.3 認可コードグラント + PKCE

ここではPKCEを使った認可コードグラントについて説明します。PKCEに関わるパラメーター以外は認可コードと同じなので、違いについて重点的に説明します。

GoogleのOAuthではクライアントシークレットを送信しない場合はPKCEをサポートしていないので、ここではクライアントシークレットを使った例で説明します[7]。

また、リソースアクセスはPKCEを使わない認可コードグラントと同じであるため、ここでは省略します。

・Step1. 認可コードの取得(認可エンドポイント)

・Step2. アクセストークンの取得

7.OAuth 2.0 Security Best Current Practice(https://datatracker.ietf.org/doc/html/draft-ietf-oauth-security-topics) では認可コードグラントでも Must で PKCE を使うべきと提唱されています。

6.3.1 Step1. 認可コードの取得(認可エンドポイント)

図6.30: 認可コードグラント

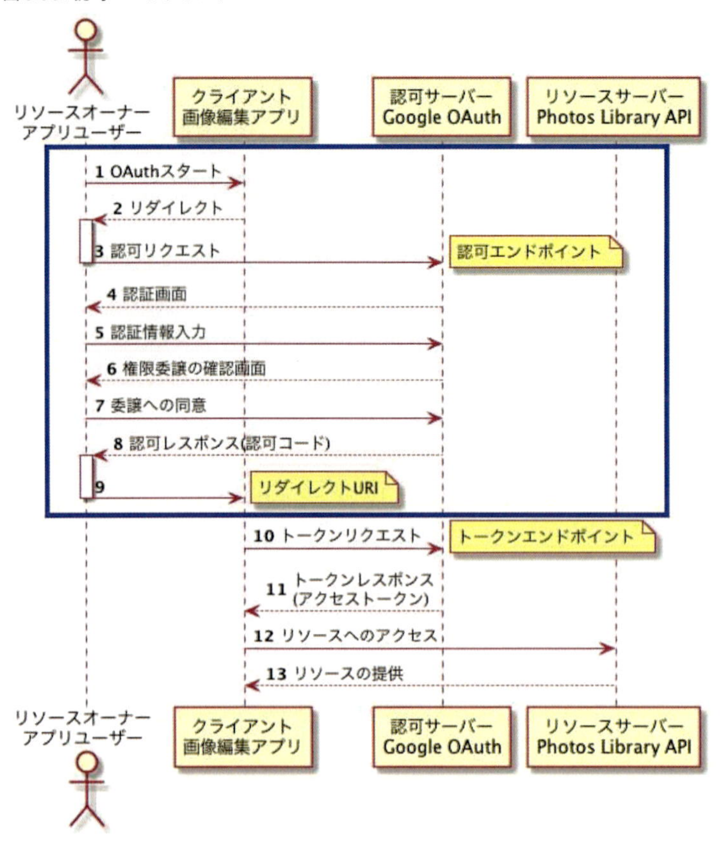

枠で囲われたが認可コードの取得部分です。

PKCEを用いた場合の3番の認可リクエストとしてブラウザーのアドレスバーに入れるURIは、次の内容になります。

```
https://accounts.google.com/o/oauth2/v2/auth
?response_type=code
&client_id=62293....3klo0.apps.googleusercontent.com
&state=xyz
&scope=https://www.googleapis.com/auth/photoslibrary.readonly
&redirect_uri=http://127.0.0.1/callback
&code_challenge_method=S256
&code_challenge=E9Melhoa2OwvFrEMTJguCHaoeK1t8URWbuGJSstw-cM
```

新たに加わったのは最後のふたつのパラメーターです。

code_challenge_method

ここではS256を指定します。

code_challenge

code_challengeの値として「E9Melhoa2OwvFrEMTJguCHaoeK1t8URWbuGJSstw-cM」を利用します。これはRFC7636に例として挙げられているものです[8]。あとで記載する`code_verifier`の値も、この例の値を利用します。

このURIをブラウザーのアドレスバーにいれて、リターンをおしてください。

4番から7番のGoogleへのログインと権限委譲の画面は認可コードのときと同じなのでここでは省略します。すでに、先のチュートリアルで権限委譲を許可している場合は、これらの画面はスキップされます。

図6.31のエラー画面が表示されたら図6.30のシーケンス9番まで進んでいることになります。

図6.31: 認可レスポンスの結果

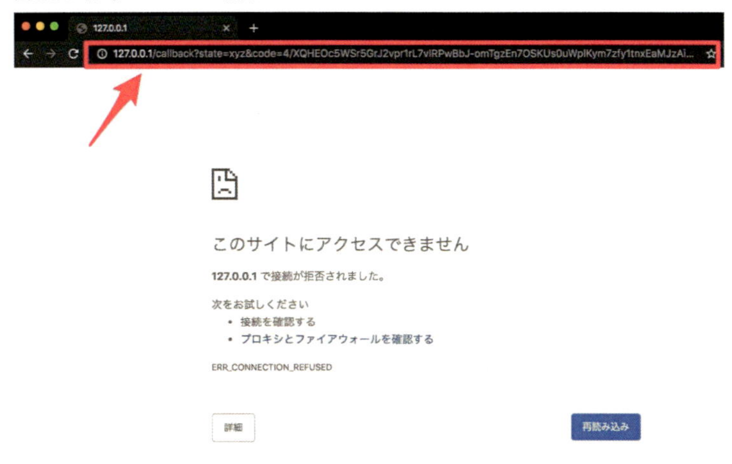

9番として返ってくるURIが次のような形でブラウザーのアドレスバーにはいっています。

```
http://127.0.0.1/callback
?state=xyz
&code=4%2FZQHK-DEk0Jfp4drQ-3iZ4fwFYf48vyaOf.....
&scope=https://www.googleapis.com/auth/photoslibrary.readonly
```

認可レスポンスに含まれるパラメーターはPKCEを用いた場合と用いない場合で差はありません。codeの値としてセットされている認可コードを記録して下さい。

8.code_challengeをコマンドで算出する方法は付録に記載

6.3.2 Step2. アクセストークンの取得

図6.32: Step2. アクセストークンの取得

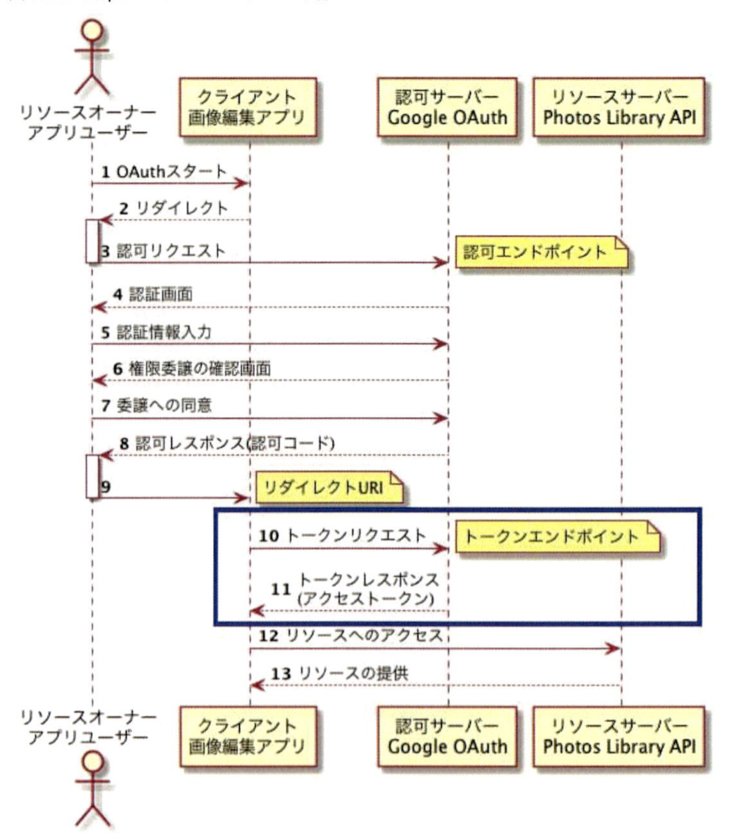

次にアクセストークン取得に進みます。図6.32の枠で囲われた部分にあたります。

10番のトークンリクエストをcurlコマンドにしたものが次の内容になります。

```
curl \
-d "client_id=62293....3klo0.apps.googleusercontent.com"       \
-d "client_secret=kt84gDh5kouwL3x-KBJf1Lr9"                     \
-d "redirect_uri=http://127.0.0.1/callback"                    \
-d "grant_type=authorization_code"                             \
-d "code=4%2FZQHK-DEk0Jfp4drQ-3iZ4fwFYf48vyaOf....."           \
-d "code_verifier=dBjftJeZ4CVP-mB92K27uhbUJU1p1r_wW1gFWFOEjXk" \
https://www.googleapis.com/oauth2/v4/token
```

PKCEを使わない場合に比較して、次のパラメータが追加されています。

code_verifier

code_verifierとして「dBjftJeZ4CVP-mB92K27uhbUJU1p1r_wW1gFWFOEjXk」を利用します。これはRFC7636に例として挙げられている値です。認可リクエストで送信したcode_challengeに

対応した値です。

これらのcurlコマンドをターミナルから入力して下さい。成功すると10番のトークンレスポンスが次のような形で返ってきます。

```
{
  "access_token": "ya29.GlscB0j4x.....DsR9iOiU-BfZjTXWUJ7olv",
  "expires_in": 3600,
  "scope": "https://www.googleapis.com/auth/photoslibrary.readonly",
  "token_type": "Bearer"
}
```

access_tokenの値がアクセストークンになります。

6.4 インプリシットグラント

ここではインプリシットグラントでのトークン取得を行います。図6.33にシーケンス図を再掲します。

図6.33: インプリシットグラント

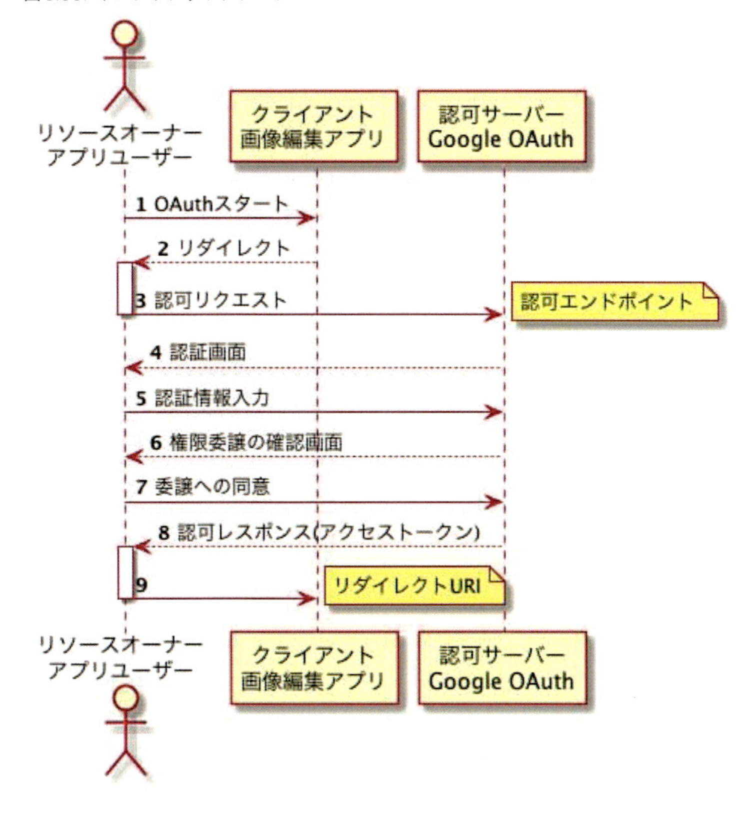

認可エンドポイントのURIは以下になります。

リスト6.2: 認可エンドポイント

```
https://accounts.google.com/o/oauth2/v2/auth
```

したがって、3番の認可リクエストをGoogle OAuthサービスに合わせて記載すると次の内容になります。

```
GET /o/oauth2/v2/auth
    ?response_type=token
    &client_id=62293....3klo0.apps.googleusercontent.com
    &state=xyz
    &scope=https://www.googleapis.com/auth/photoslibrary.readonly
    &redirect_uri=http://127.0.0.1/callback
HTTP/1.1
Host: accounts.google.com
```

今回の状況にあわせた設定値を次に記載します。

response_type

レスポンスとしてアクセストークンを要求するため「token」を設定します。

client_id

コンソールで発行されたクライアントIDを設定します。

state

ランダムな値を設定します。ここではxyzとします。

scope

有効化した「Photos Library API」の読み取り権限を表す以下の文字列を設定します。「https://www.googleapis.com/auth/photoslibrary.readonly」

redirect_uri

コンソールに設定した値「http://127.0.0.1/callback」を設定します。

リスト6.2に上記のクエリパラメータを付与するとアドレスバーに入れるURIは次の形になります。見やすさのため改行をいれています。

```
https://accounts.google.com/o/oauth2/v2/auth
?scope=https://www.googleapis.com/auth/photoslibrary.readonly
&state=xyz
&redirect_uri=http://127.0.0.1/callback
&response_type=token
&client_id=62293....3klo0.apps.googleusercontent.com
```

このURIをブラウザーのアドレスバーにコピペしてリターンをおしてください。これが3番のトークンリクエストに対応します。

4番から7番のGoogleへのログインと権限委譲の画面は認可コードのときと同じなのでここでは省略します。すでに、先のチュートリアルで権限委譲を許可している場合は、これらの画面はスキップされます。

8番のリダイレクトレスポンスが返ってきて、結果として9番のリダイレクトURIがアドレスバーに入力されます。これまでと同じく図6.34のようなエラー画面が表示されます。

図6.34: 認可レスポンスの結果

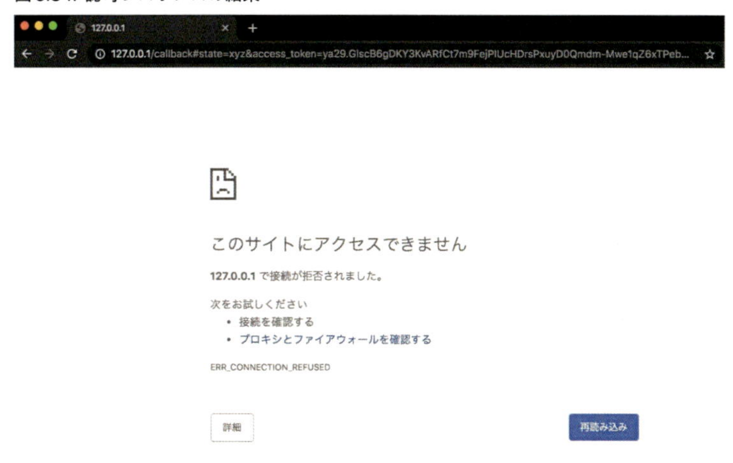

アドレスバーには次の値が入っています。

```
http://127.0.0.1/callback
#state=xyz
&access_token=ya29.GlscB......7BC12r-5OibuxK4pNKC2vnlEuO
&token_type=Bearer
&expires_in=3600
&scope=https://www.googleapis.com/auth/photoslibrary.readonly
```

これで、インプリシットグラントによるアクセストークンの取得が完了しました。フラグメントのaccess_tokenの値がアクセストークンです。

付録A　OAuth認証について

A.1　認証のためのプロトコルという誤解

「OAuth認証」という言葉を聞かれたことがある方が多いと思います。そのためかOAuthを認証のためのプロトコルだと勘違いしている方が多いようです。OAuthは認可のプロトコルであるにもかかわらず、OAuth認証という言葉がよく聞かれる理由について説明したいと思います。

画像編集アプリの例で説明したとおり、OAuthによってリソースオーナーの「Google Photoについての権限」を画像編集アプリに委譲することができました。このようにOAuthとは権限委譲のためのプロトコルであり、そのため「認可のプロトコル」と呼ばれます。

このように、OAuthは「サードパーティアプリからGoogle Photoの画像をダウンロードする」といった場合に使うべきものです。「サードパーティアプリにGoogle アカウントでログイン」という場合には、認証のプロトコルであるOpenID Connectを使うべきです。

では、なぜ「OAuth認証」という言葉が広く使われているのでしょうか。理由の一つは「OAuthは認可のプロコトルではあるが、認証にも利用することできるから」です。もう一つの理由は「Facebookやtwitterアカウントによる認証にOAuth[1]が使われているから」だと私は考えています。

A.2　OAuth認証の仕組み

次に、OAuthで認証が可能になる仕組みについて説明します。ここではFacebookアカウントでログインできる「ほげアプリ」を例に説明します。表A.1に、ほげアプリの例にでてくる登場要素とロールの関係を示します。

表A.1: ほげアプリの例とロールの関係

要素	ロール
ほげアプリ	クライアント
ほげアプリユーザー(Facebookユーザー)	リソースオーナー
Facebook OAuthサービス	認可サーバー
Graph API	リソースサーバー

OAuth認証が可能なグラントタイプは認可コードグラントとインプリシットグラントです。ここではシーケンスがシンプルなインプリシットグラントを例にOAuth認証の仕組みを説明します。インプリシットグラントのシーケンスを図A.1に示します。

本文の中で上げた画像編集アプリの例では1番で「Google Photoから画像を取得」ボタンが押されます。すなわち、1番より前の時点ですでにリソースオーナーは画像編集アプリにログイン済み

1.twitterの場合はOAuth1.0です。

です。

それに対して、ほげアプリでは1番の時点でログインしていません。1番で「Facebookでログイン」ボタンがおされることで、ログインに向けた処理が始まります。

2番から9番までは通常のインプリシットグラントと同じです。ポイントは10番です。OAuth認証ではここでユーザープロフィール情報のリソース(以降、プロフィールAPI)にアクセスします[2]。

11番でユーザーIDを含むプロフィール情報が返ってきます。ほげアプリはこのユーザーIDをもって、ユーザーの認証を行い、ログイン状態にします。これでOAuth認証のできあがりです。

ただし、基本仕様で規定されているOAuthをそのまま使った認証には脆弱性があります[3]。これを防いだ上で、認証で利用できるようにOAuthを拡張したものがOpenID Connectです[4]。

OAuth認証およびOpenID Connectについては本書の続編である「OAuth、OAuth認証、OpenID Connectの違いを整理して理解できる本」(https://booth.pm/ja/items/1550861)にチュートリアル付きで詳しく説明しています。ご興味のある方はぜひ、そちらもお読みください。

2.Facebookでは/meにアクセスします。https://developers.facebook.com/docs/graph-api/using-graph-api#me

3.https://www.sakimura.org/2012/02/1487/

4.FacebookはOpenID Connectとは別の方法で、この脆弱性に対処しています。

図 A.1: インプリシットグラント

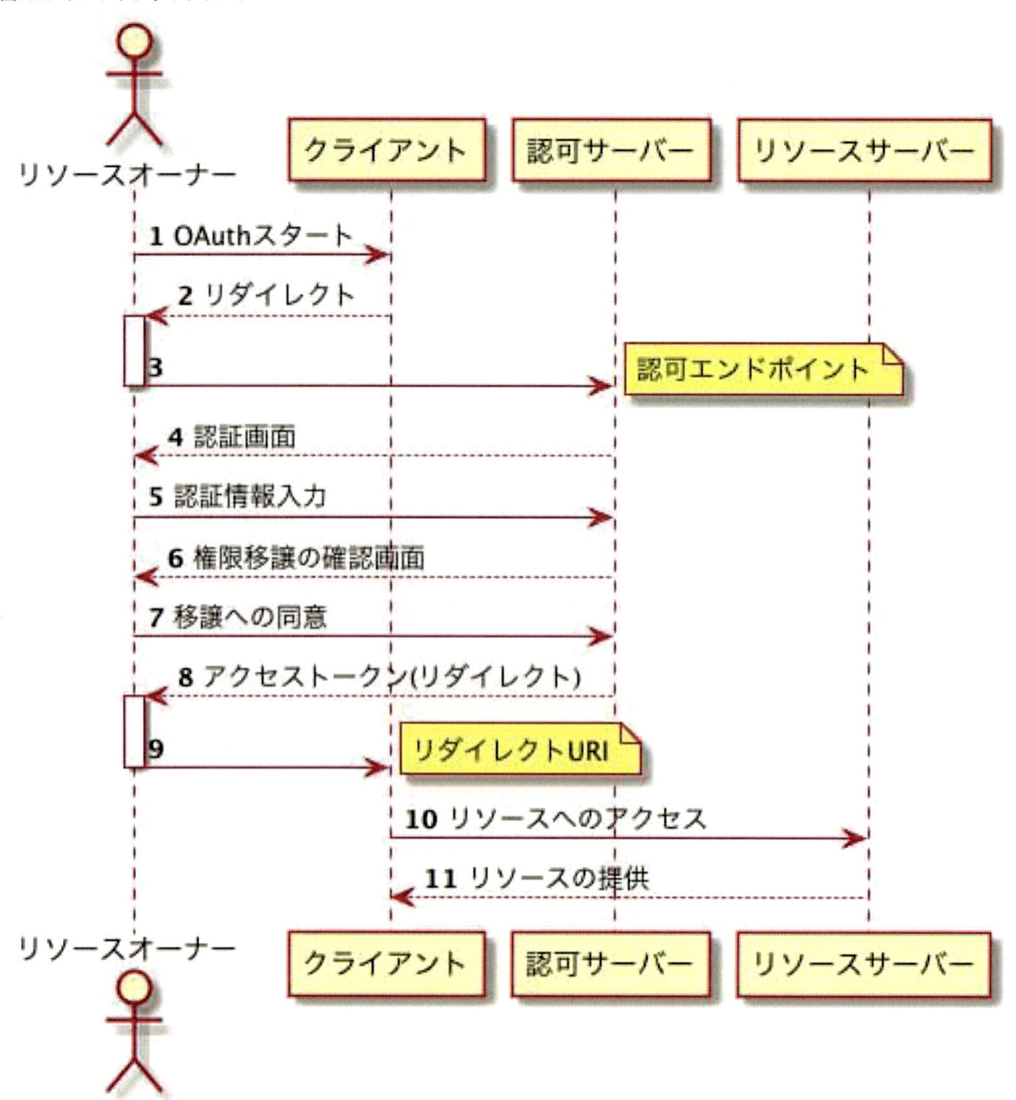

付録B　S256でのcode_challengeの算出

「6.3 認可コードグラント + PKCE」のチュートリアルではcode_verifier、code_challengeの値として、PKCEを定義しているRFC7636のサンプル値を利用しました。このサンプル値は自分が実装したS256計算値が正しいことを確認するためのものです。

ここでは、任意のcode_verifierからターミナルのコマンドでcode_challengeを算出する方法を説明します。なおここではMacを前提にしています。

まずはcode_verifierの値を作ります。定義は次の通りです。

> 長さが43文字、最大128文字までの間の [A-Z] / [a-z] / [0-9] / "-" / "." / "_" / "~"からなるランダムな文字列

これをコマンドで作るには次のようにします。ここでは長さを最小の43にしています。最後の文字列がcode_verifierの要件を満たした文字列になります。

```
$ cat /dev/urandom            | # 乱数生成
> LANG=c tr -dc A-Za-z0-9-._~ | # 許された文字以外を削除
> head -c 43                    # 先頭から43文字抽出
nO9qwYBW4b0rEruDjtD2-EDpNIy3c56OD1VETLKtNKk
```

あとのcode_challengeの計算のため、code_verifierの値を変数CODE_VERIFIERに入れます。次のように入力します。

```
$ CODE_VERIFIER=$(cat /dev/urandom |LANG=c tr -dc A-Za-z0-9-._~ |head -c 43)
```

CODE_VERIFIERの値はechoコマンドで確認できます。

```
$ echo $CODE_VERIFIER
i71iTI2gNM9lPmNrCho3Ae.oBWprFv7fdC68_5wrQJH
```

次にcode_challengeの計算です。code_challenge_methodがS256の場合の計算方法は次の通りです。

> BASE64URL-ENCODE(SHA256(ASCII(code_verifier)))

この計算をコマンドで行うためには次のようにします。

```
$ echo -n $CODE_VERIFIER        |     # CODE_VERIFIERを改行コードなしで出力
> openssl dgst -sha256 -binary |     # SHA256
> base64                        |     # base64エンコード
> tr '+' '-'                   |     # base64からbase64 URLエンコードに変換
> tr '/' '_'                   |     # base64からbase64 URLエンコードに変換
> sed -e "s/=*$//g"                  # 末尾のパディングを削除
dXjfHUxRZOtM9pZ_i31sOGpWP5C-Kp2E61KLt7xYdh8
```

標準出力に出力された文字列が先程のcode_verifierに対応するcode_challengeです。

これが、コマンドを使ったS256のcode_challengeの計算方法です。念の為、この計算が正しいことをRFC7636の検算用サンプル値で確認します。それぞれの値は次のとおりです。

表B.1:code_verifierとcode_challengeの検算サンプル値

項目	値
code_verifier	dBjftJeZ4CVP-mB92K27uhbUJU1p1r_wW1gFWFOEjXk
code_challenge	E9Melhoa2OwvFrEMTJguCHaoeK1t8URWbuGJSstw-cM

では、このcode_verifierの値を使って計算してみましょう。

```
$ CODE_VERIFIER=dBjftJeZ4CVP-mB92K27uhbUJU1p1r_wW1gFWFOEjXk
$ echo -n $CODE_VERIFIER        |
> openssl dgst -sha256 -binary |
> base64                        |
> tr '+' '-'                   |
> tr '/' '_'                   |
> sed -e "s/=*$//g"
E9Melhoa2OwvFrEMTJguCHaoeK1t8URWbuGJSstw-cM
```

算出されたcode_challengeの値がサンプル値のものと一致しているので、計算の正しさが証明できました。

あとがき

いかがでしたでしょうか。この本を読めば、利用したいAPIの認可関連のドキュメントやOAuthの基本仕様RFC6749を読み込こなす基礎知識はついたのではないかと期待しています。

今後も、認証認可周りの本を技術書典で出していきたいと思っています。 Auth屋で頒布する技術同人誌の情報をtwitterで流しますので、よかったらフォローお願いいたします。

- https://twitter.com/authyasan

図1:

次回以降の本のために、良い面でも悪い面でもフィードバックいただけるとうれしいです。フィードバックはtwitterのつぶやき、メンション、DMでお願いします。

お問い合わせ

OAuth2.0、OpenID Connectについての本格的な相談は、次のサイトからお問い合わせください。

- https://www.authya.com

図2:

謝辞

技術観点でのレビューを快く引き受けてくださった@ritouさん。私に足りない知識をおぎなっていただき、内容がより正確かつ適切になりました。また、ご指摘を通してOAuthについて学ばせていただきました。ありがとうございました。Twitterでの私の呼びかけに答え、文章のレビューをしてくださった杉山さん、@mzfactory86さん、@ken5scalさん。皆様のおかげで文章がより洗練されました。ありがとうございました。表紙をデザインしてくれたYM_Designさん。毎度ステキな表紙をありがとうございます。技術書典サークル主のみなさん。Twitter上でいろいろな悩みをフォローしていただきました。ありがとうございました。ママと娘ちゃん。パパが執筆する時間を作ってくれてありがとう。おかげでパパ、本を出せたよ。愛感じた！

最後に、できうる限りの教育を私に与え、本好きに育ててくれた父と母に感謝します。

著者紹介

Auth屋（おーすや）

サウナと筋トレが趣味。好物は鴨汁つけ蕎麦。最近の楽しみは、技術同人誌サークル主さんとツイッターできゃふきゃふすることです。
Twitter @authyasan

◎本書スタッフ
アートディレクター/装丁：岡田章志＋GY
編集協力：飯嶋玲子
デジタル編集：栗原 翔

〈表紙イラスト〉
YM_Design ワタナベ
商業誌、同人誌、電子書籍のデザイン、イラストなど、様々なグラフィックデザインを請け負っています。
Twitter @fire_works659

技術の泉シリーズ・刊行によせて

技術者の知見のアウトプットである技術同人誌は、急速に認知度を高めています。インプレス NextPublishingは国内最大級の即売会「技術書典」（https://techbookfest.org/）で頒布された技術同人誌を底本とした商業書籍を2016年より刊行し、これらを中心とした『技術書典シリーズ』を展開してきました。2019年4月、より幅広い技術同人誌を対象とし、最新の知見を発信するために『技術の泉シリーズ』へリニューアルしました。今後は「技術書典」をはじめとした各種即売会や、勉強会・LT会などで頒布された技術同人誌を底本とした商業書籍を刊行し、技術同人誌の普及と発展に貢献することを目指します。エンジニアの"知の結晶"である技術同人誌の世界に、より多くの方が触れていただくきっかけになれば幸いです。

インプレス NextPublishing
技術の泉シリーズ　編集長　山城 敬

●落丁・乱丁本はお手数ですが、インプレスカスタマーセンターまでお送りください。送料弊社負担に てお取り替えさせていただきます。但し、古書店で購入されたものについてはお取り替えできません。
■読者の窓口
インプレスカスタマーセンター
〒 101-0051
東京都千代田区神田神保町一丁目 105番地
info@impress.co.jp

技術の泉シリーズ

雰囲気で使わずきちんと理解する！整理してOAuth2.0を使うためのチュートリアルガイド 最新改訂版

2019年9月20日　初版発行Ver.1.0（PDF版）
2023年10月6日　Ver.1.1

著　者　Auth屋
編集人　山城 敬
企画・編集　合同会社技術の泉出版
発行人　高橋 隆志
発　行　インプレス NextPublishing
〒101-0051
東京都千代田区神田神保町一丁目105番地
https://nextpublishing.jp/
販　売　株式会社インプレス
〒101-0051　東京都千代田区神田神保町一丁目105番地

印刷・製本　京葉流通倉庫株式会社
Printed in Japan

ISBN978-4-8443-7818-1